슈퍼스도쿠

초고난도
200문제

The Toughest Sudoku Puzzle Book

by Cristina Smith & Rick Smith

Text © 2020 Callisto Media Inc.

All rights reserved.

First published in English by Rockridge Press, an imprint of Callisto Media, Inc.

Korean translation copyright © 2023 BONUS Publishing Co.

This Korean edition is published by Callisto Media, Inc. through LENA Agency, Seoul, Korea.

슈퍼
스도쿠
초고난도
200문제

SUPER
SUDOKU
EXTREME

크리스티나 스미스·릭 스미스 지음

보누스

머리말

사람마다 '어려운' 스도쿠의 기준은 다르다. 다양한 스도쿠를 풀며 각종 풀이법에 능숙한 전문가가 느끼는 어려움과, 이제 막 스도쿠에 입문했거나 일반적인 스도쿠만 풀어온 중급자가 느끼는 어려움은 분명히 다르다. 《슈퍼 스도쿠 초고난도 200문제》는 이러한 점을 고려해 모두가 다양한 유형의 난도 높은 스도쿠를 재미있게 즐길 수 있도록 치밀하게 설계된 문제들로 이루어져 있다.

이 책의 'STAGE 1'에 등장하는 문제 대부분은 우리가 흔히 접하는 스도쿠의 고급 수준과 비슷하며, 'STAGE 2'부터는 단순히 숫자를 채우는 것을 넘어 문제에 적합한 풀이법을 찾아 해결해야 한다. 물론 이런 전략이 익숙하지 않은 사람도 있겠지만, 이 책에서 알려주는 고난도 스도쿠의 다양한 풀이 도구와 전략을 익히면 걱정할 필요는 없다. 이번 기회에 전문적인 스도쿠 풀이법을 익히면 다른 일반적인 스도쿠들을 훨씬 더 잘 풀어낼 수 있음은 물론, 변형 스도쿠를 푸는 색다른 재미까지 느낄 수 있을 것이다.

마지막 단계인 'STAGE 3'에서는 스도쿠를 푸는 가장 높은 수준의 풀이 방법이 필요하다. 하지만 아무리 어려운 문제라도 풀이가 불가능한 것은 없다. 논리만으로 전부 풀 수 있으니 안심해도 좋다.

'SPECIAL STAGE'는 이름처럼 특별한 스도쿠를 만나볼 수 있는 장이다. 킬러 스도쿠와 크롭키 스도쿠, 체인 스도쿠를 비롯해 새롭고 흥미

로운 변형 스도쿠가 더 많이 포함되어 있다. 이 스도쿠 유형들은 고난도 문제에 익숙한 사람이더라도 새로운 방법을 써야만 풀 수 있을 것이다.

도전을 두려워하지 말고, 풀다가 막히는 문제가 있어도 좌절하지 않길 바란다. 혹시 어떤 문제가 너무 어려워서 벽을 느낀다면 힌트를 참고해보자. 스도쿠 문제마다 힌트를 세 개씩 수록했다. 도저히 풀리지 않아 막히는 부분에서 답을 찾을 수 있도록 이끌어줄 것이다.

이 책에 등장하는 문제들을 풀다 보면, 어느 순간 여러분의 스도쿠 실력은 몰라보게 달라질 것이다. 스도쿠의 세계에 푹 빠져 퍼즐의 진짜 재미를 느껴보길 바란다.

차 례

문제를 직면한다고 해서 다 해결되는 것은 아니다.
그러나 직면하지 않고서 해결되는 문제는 없다.

- 제임스 볼드윈 -

스도쿠 풀이법

기본적인 풀이법

스도쿠에서 쓰이는 용어 정의

스도쿠를 설명하려면 먼저 자주 쓰는 단어를 알아야 한다. 일반적인 스도쿠는 퍼즐마다 아홉 개의 가로줄과 아홉 개의 세로줄, 그리고 아홉 개의 3×3 정사각형 박스, 총 81칸의 사각형으로 이루어져 있다. 아홉 개의 박스는 위치에 따라 왼쪽 위, 가운데 위, 오른쪽 위, 왼쪽 가운데, 한가운데, 오른쪽 가운데, 왼쪽 아래, 가운데 아래, 오른쪽 아래라고 부른다. 숫자가 있는 칸을 특정할 때는 열과 행으로 나타낸다. 예를 들어, 퍼즐 한가운데에 있는 칸은 5행 5열(5번째 가로줄, 5번째 세로줄)에 있다.

이제 똑같은 퍼즐을 몇 가지 기본 풀이법으로 풀면서 하나씩 살펴보자.

네이키드 싱글
(NAKED SINGLE)

이 퍼즐에는 가로줄이나 세로줄 또는 상자 안에 숫자가 많이 적혀 있는 곳이 있다. 예를 들어, 7행 7열(색칠한 칸)에 속해 있는 세로줄에는 숫자 1, 2, 3, 4, 5, 6이 있고, 상자에는 1, 2, 3, 5, 7, 8이 있으며,

5						2	8	
		3		2		6	9	
				1	7	5	4	3
	9			3			1	
7	5	6	2	8	1	4	3	9
	3			4			6	
			8	5			7	
	7	5				3	2	
	4	9				1	5	8

가로줄에는 5, 7, 8이 있다. 따라서 이 칸에 들어갈 수 있는 숫자는 9밖에 없다. 이처럼 들어갈 수 있는 숫자가 하나밖에 없는 칸을 '네이키드 싱글'이라고 한다. 스도쿠를 한 번이라도 풀어본 사람이라면, 명칭은 모르더라도 이 방법을 이미 사용하고 있을 것이다.

히든 싱글(HIDDEN SINGLE)

이번에는 네이키드 싱글과 같은 예시에서 2행 6열(색칠한 칸)을 주목하기 바란다. 현재 이 칸에는 4, 5, 8 세 개의 숫자가 들어갈 수 있다. 당장은 답을 찾는 데 별 도움이 되지 않는 것처럼 보인다. 하지만 1행 8열과 7행 4열에 있는 8을 보자. 8이 있는 가로줄이나 세

5			←			2	8	
		3	↑	2		6	9	
				1	7	5	4	3
	9			3			1	
7	5	6	2	8	1	4	3	9
	3			4			6	
			8	5		9	7	
	7	5				3	2	
	4	9				1	5	8

로줄 또는 상자의 빈칸에는 8이 들어갈 수 없다. 따라서 2행 6열에는 8이 들어가야 한다. 이런 칸을 '히든 싱글'이라고 부른다.

스캐닝(SCANNING)

네이키드 싱글과 히든 싱글은 스도쿠에 입문할 때 쉽게 쓸 수 있는 가장 기초적인 방법이지만, 가장 효과적으로 푸는 방법은 아니다. 특정 숫자를 찾기 위해 문제 속 숫자를 쭉 훑으며 시작해야 더 많은 정보를 훨씬 빠르게 알 수 있다. 예를 들어, 위 예시에서 1이 들어간 3행 5열, 5행 6열, 9행 7열은 가운데 아래 박스에 영향을 준다. 세 곳의 상호작용으로 인해 가운데 아래 박스에서는 1이 들어갈 수 있는 곳 중 맨 밑 가로줄,

가운데 세로줄, 오른쪽 세로줄이 제외된다. 그러면 가운데 아래 상자에서 1이 들어갈 수 있는 곳은 8행 4열밖에 없다.

이런 방법으로 1부터 9까지의 숫자를 빨리 훑어보면 여러 칸을 채울 수 있다. 그다음 숫자가 가장 많이 채워진 가로줄이나 세로줄, 박스에 있는 빈칸을 하나씩 주의 깊게 보면 문제를 쉽게 풀 수 있다.

후보 숫자

퍼즐을 풀다가 막히면, 빈칸을 하나씩 보면서 거기에 들어갈 수 있는 모든 숫자를 적는 방법이 도움이 되기도 한다. 연필로 칸에 들어갈 숫자 후보들을 적어두는 방법이라서 '후보 숫자'라고 부른다. 예를 들어, 문제를 풀면서 아래의 왼쪽 예시와 같이 숫자를 어느 정도 채웠다고 가정해 보자. 이제 아래의 오른쪽 예시처럼 빈칸마다 후보 숫자를 쓰고 나면, 4행 4열(색칠한 칸)은 네이키드 싱글이 적용되므로 1이 들어간다는 것을 알 수 있다. 물론 후보 숫자를 쓰지 않아도 이 책에 있는 첫 단계 정도는 풀 수 있을 것이다. 하지만 더 어렵고 복잡한 스도쿠에서는 이 방법이 필요한 경우가 많다.

2		7	5		8	3	9	
	5		9	2	4	7		
1		9	7		6	2		5
			8	3	6	2	9	
	9		4	2	7	8	5	
3	2			5	9	7		
			9		1	5		7
	1	6	2		4	9		
9			8		5	1		

중급 풀이법

STAGE 2에 있는 스도쿠 대부분은 새로운 전략을 배워야만 풀 수 있다. 지금부터 설명할 방법들은 빈칸에 어떤 숫자가 들어갈지 아는 것보다는 후보 숫자를 없애는 것에 더 초점을 맞춘 풀이법이다.

잠긴 후보 숫자(LOCKED CANDIDATES)

다음 문제는 기본 풀이법을 이용해 숫자를 채운 모습이다. 왼쪽 예시에서 가운데 박스 안에 색칠한 부분인 5행 5열과 5행 6열에는 2나 4만 들어갈 수 있다. 둘 중 어떤 칸에 어떤 숫자가 들어갈지는 확신할 수 없지만, 다섯 번째 가로줄에 있는 다른 칸에는 2와 4가 들어갈 수 없다는 뜻이다. ·

  다음 예시는 똑같은 문제에 빈칸에 숫자를 몇 개 더 채운 것이다. 색칠한 5행 8열과 6행 8열을 자세히 보면, 여덟 번째 세로줄에서 5가 들어갈 수 있는 곳은 이 두 곳뿐이다. 오른쪽 가운데 박스에서 다른 곳에

8	2	6	1	4 5 3 7	4 3	4 5 7	9	4 5 7
7	9	4 5	2	4 5	6	1	3	8
4 5 3	1	4 5 3	8	9	7	2	6	4 5
1 2 4	7 8	9	3	6	5	4 7 8	1 4	1 2 4 7
1 2 3 4 5	3 5 7 8	2 3 4 5 7	9	**2 4**	**2 4**	6	1 4 5 7 8	1 2 3 4 5 7
6	3 5	2 3 4 5	7	1	8	9	4 5	2 3 4 5
3 5 9	6	1	4	8	3 7 9	5 3 7	2	5 7
2 3 9	4	8	5	2 3 7	1 2 3 9 7	3 1 7		6
2 3 5	3 5 7	2 3 5 7	6	2 3 7	1 2 3 7	3 1 4 5 7 8	4 5 7 8	9

8	2	6	1	4 5 3 7	4 3	4 5 7	9	4 5 7
7	9	4 5	2	4 5	6	1	3	8
4 5 3	1	4 5 3	8	9	7	2	6	4 5
1 2 4	7 8	9	3	6	5	4 7 8	4 7 8	1 2 4 7
1 3 5	3 5 7 8	3 5 7	9	2 4	2 4	6	**1 5 7 8**	1 5 7
6	3 5	2 3 4 5	7	1	8	9	**4 5**	2 3 4 5
3 9	6	1	4	8	3 9 7	5 3 7	2	5 7 3
2 9	4	8	5	7	2 9	3	1	6
2 3 5	3 5 7	2 3 5	6	2 3	1	4 8	4 8	9

는 5가 들어갈 수 없다는 뜻이다. 따라서 5행 9열과 6행 9열의 후보 숫자에서 5를 제외할 수 있다.

가로줄이나 세로줄 또는 박스에 있는 두 칸에만 어떤 숫자가 들어갈 수 있다면, 그 가로줄이나 세로줄, 박스의 다른 칸에는 그 숫자가 들어갈 수 없다. 이를 '잠긴 후보 숫자'라고 한다.

더블 페어(DOUBLE PAIR)

이 문제에서는 가운데 위, 한가운데, 가운데 아래의 세 박스를 주목한다. 가운데 위에 있는 박스는 3행 4열과 3행 6열에만 8이 들어갈 수 있다. 가운데 아래에 있는 박스는 8행 4열과 8행 6열에만 8이 들어갈 수 있다. 두 박스 중 어떤 칸에 8이 들어갈지는 모르지만, 네 번째나 여섯 번째 세로줄의 다른 곳에는 8이

들어갈 수 없다. 따라서 4행 4열과 6행 6열의 후보 숫자 중에서 8을 뺄 수 있다. 이렇게 둘씩 짝을 짓는 방법을 '더블 페어'라고 한다.

들어갈 수 없는 숫자 찾기

퍼즐을 처음에 쭉 훑다 보면, 어떤 칸에서는 들어가지 못하는 숫자를 바로 몇 개 찾을 수도 있다. 그런 숫자를 찾아서 적어두면 시간을 아낄 수 있다.

다음 예시에서 1행 2열과 6행 9열에 1이 있다. 그러므로 왼쪽 가운데

박스에서 5행 1열이나 5행 3열에 1이 들어가야 한다. 두 곳에 1을 연필로 표시해 둔다. 그다음 한가운데 박스에서 1을 찾아보자. 3행 6열, 6행 9열, 8행 5열에 1이 있으므로 한가운데 박스에서 1이 들어갈 수 있는 곳은 4행 4열과 5행 4열밖에 없다. 5행 1열과 5행 3열

에서 연필로 표시한 후보 숫자를 보면 한가운데 박스에서 5행 4열에는 1이 들어갈 수 없다. 이제 1이 4행 4열에 들어간다는 사실을 알 수 있다.

이제 2를 찾아보자. 가운데 위 박스는 1행 5열이나 3행 5열에 2가 들어가야 한다. 두 곳에 연필로 2를 표시해 둔다. 그러면 5행 5열에는 2가 들어갈 수 없다는 것을 알 수 있다.

훑어보면서 못 들어가는 숫자를 연필로 표시하면 잠긴 후보 숫자와 더블 페어를 찾기가 훨씬 쉬워진다. 이때 못 들어가는 후보 숫자와 나중에 채울 후보 숫자를 확실히 구별할 수 있어야 한다. 못 들어가는 숫자

는 동그라미를 치거나 빈칸 아래쪽에 쓰고 후보 숫자는 위쪽에 쓰는 식으로 둘을 구분할 수 있도록 표시해 두자.

네이키드 페어(NAKED PAIR)

이 예시에서 가운데 위 박스에는 1행 5열과 2행 6열에 후보 숫자가

2와 3만 있다. 이들 두 칸에 들어가는 후보 숫자가 2와 3밖에 없기 때문에 그 상자에 있는 다른 칸에는 2나 3이 후보 숫자가 될 수 없다. 이를 '네이키드 페어'라고 부른다.

히든 페어(HIDDEN PAIR)

이 예시는 앞선 문제와 똑같지만 후보 숫자를 줄인 것이다. 네 번째 세로줄을 보면, 3행 4열과 7행 4열, 딱 두 곳만 후보 숫자에 1이나 9가 있다. 1과 9가 어느 쪽에 들어갈지 모르지만, 이 두 칸에는 1과 9만 남기고 다른 후보 숫자를 전부 지울 수 있다. 한 쌍의 숫자가 다른 후보 숫자에 가려 보이지 않아서 '히든 페어'라고 부른다.

고급 풀이법

이 책의 STAGE 3는 스도쿠 경험이 많은 사람이라도 다 풀기 힘들 정도로 어렵다. 따라서 앞서 배운 것과 함께 조금 더 복잡한 방법도 필요하다. 고급 테크닉을 익혀 진정한 스도쿠 마스터가 되어보자.

트리플, 쿼드러플(TRIPLE, QUADRUPLE)

가로줄이나 세로줄 또는 박스에서 딱 두 칸에만 특정 후보 숫자가 두 개

있으면 이 두 숫자는 네이키드 페어나 히든 페어가 된다. 이 규칙을 숫자 세 개, 네 개와 같이 더 큰 규모로 적용할 수 있다.

색칠한 1행 1열, 1행 2열, 1행 4열을 보자. 첫 번째 가로줄에 들어갈 3, 8, 9는 이 세 곳에만 들어갈 수 있다. 따라서 첫 번째 가로줄에 있는 다른 칸은 후보 숫자 중에서 3, 8, 9를 지울 수 있다. 이들 세 칸에 숫자 세 개가 모두 있지는 않으므로 트리플을 찾기가 어려운 경우가 많다. 트리플에 속하는 세 칸에는 세 개의 트리플 숫자 외에 다른 숫자가 없기 때문에 '네이키드 트리플'이라고 부른다.

트리플은 다음 예시처럼 숨어 있을 수도 있다. 이 문제에서는 세 번째 가로줄에 있는 3행 2열, 3행 3열, 3행 8열에만 3, 6, 8이 들어간다. 따라서 이들 세 칸에서 다른 후보 숫자를 뺄 수 있다. 트리플에 속하는 세 칸 중 어떤 칸에는 3, 6, 8 외에 다른 숫자가 있는데, 이를 '히든 트리플Hidden Triple'이라고 한다.

이 퍼즐은 다른 방법으로도 풀 수 있다. 이번에는 세 번째 가로줄에서 색칠하지 않은 나머지 빈칸의 후보 숫자를 보자. 이들은 네 개의 숫자 2, 5, 7, 9로 이루어진 '네이키드 쿼드러플Naked Quadruple'이 된다. 처음에 이 네이키드 쿼드러플을 먼저 발견해서 3행 2열, 3행 3열, 3행 8열에서 2, 5, 7, 9를 후보 숫자에서 지웠다면, 이들 세 칸은 히든 트리플이 아니라 네이키드 트리플이 되었을 것이다.

X 윙(X-WING)

이 퍼즐의 세 번째 가로줄에서 후보 숫자에 4가 있는 곳은 3행 6열과 3행 8열의 두 칸밖에 없다. 일곱 번째 가로줄에서 후보 숫자에 4가 있는 곳은 7행 6열과 7행 8열밖에 없다. 즉 여섯 번째 세로줄에는 세 번째나 일곱 번째 가로줄에 4가 있다는 뜻이다. 따라서 2행 6열의 후보 숫자에서 4를 뺄 수 있다. 여덟 번째 세로줄에는 세 번째나 일곱 번째 가로줄에 4가 있으므로 2행 8열의 후보 숫자에서도 4를 뺄 수 있다.

이 방법을 네 번째 가로줄에 똑같이 적용하면, 후보 숫자에 7이 있는 곳은 4행 1열과 4행 9열의 두 칸밖에 없다. 아홉 번째 가로줄에서 후보 숫자에 7이 있는 곳은 9행 1열과 9행 9열밖에 없다. 따라서 6행 1열, 8행 1열, 5행 9열, 6행 9열, 8행 9열의 후보 숫자에서 7을 뺄 수 있다. 이 방법을 'X 윙'이라고 부른다.

소드피시(SWORDFISH)

종종 다음 예처럼 가로줄이나 세로줄이 세 개 포함된 더 복잡한 형태의

X 윙을 볼 수 있다. 첫 번째 가로줄은 다섯 번째, 아홉 번째 가로줄과 마찬가지로 6이 들어갈 수 있는 곳이 두 칸 있다. 두 칸씩 세 쌍이 세 개의 세로줄에만 있어야 하므로 네 번째 세로줄은 다섯 번째나 아홉 번째 가로줄에 6이 있어야 하고, 여섯 번째 세로줄은 첫 번째나 다섯 번째 가로줄에 6이 있어야 하고, 아홉 번째 세로줄은 첫 번째나 아홉 번째 가로줄에 6이 있어야 한다. 따라서 3행 4열, 7행 6열, 7행 9열, 8행 9열의 후보 숫자에서 6을 뺄 수 있다.

이 과정을 '소드피시'라고 하며 드물게 사용할 수 있는 방법이지만 가장 어려운 퍼즐을 풀 때 도움이 된다.

포싱 체인(FORCING CHAINS)

고급 풀이법인 '포싱 체인'은 일반적으로 후보 숫자가 두 개만 있는 칸에서 시작한다. 두 후보 숫자를 하나씩 넣어보며 "이러면 어떻게 될까?"를 실제로 해보는 것이다. 체인에는 다양한 종류가 있다.

이 문제에서 후보 숫자에 2, 5, 9가 많이 남아 있다. 이 중 2나 5만 들어갈 수 있는 3행 8열에 후보 숫자를 하나씩 넣어보며 "이러면 어떻게 될까?"를 실제로 해본다.

3행 8열이 2이면, 6행 8열에는 9가 있어야 하므로 4행 7열에는 5가 있어야 한다.

3행 8열이 5이면, 2행 7열에는 9가 있어야 하므로 4행 7열에는 5가 있어야 한다.

3행 8열에 어떤 값을 고르든지

1	4	6	5	2	9	7	3	8
7	2	5 3	8	3 6	1	5 9	4	5 6
8	9	5 3	4	3 6 7	3 7	1 2 5	2 5	5 6
4	3	7	2	5 9	8	5 9	6	1
9	6	2	1	4	3 5	8	7	5 3
5	1	8	7	3 9	6	4	2 9	2 3 9
3	7	1	6	8	4 5	2	5 9	4 5 9
6	8	4	9	5 7	2	3	1	5 7
2	5	9	3	1	4 7	6	8	4 7

4행 7열에는 5가 있어야 한다. 따라서 4행 7열에 5를 채우고 나면, 나머지 빈칸도 착착 맞아떨어진다.

이처럼 독특한 종류의 포싱 체인을 XY 윙이라고도 한다. XY 윙은 공식처럼 익힐 수 있다. 이번 경우에 XY는 우리가 주목한 빈칸에 있는 두 개의 후보 값인 2와 5를 가리킨다. 세 번째 값은 Z값이라고 하는데, 이 예시에서는 9가 Z값이 된다.

'볼 수 있다'는 말은 가로줄이나 세로줄 또는 박스에 같이 있다는 뜻이다. XY만 있는 칸이 볼 수 있으면, XZ만 있는 칸과 YZ만 있는 칸, XZ와 XZ를 둘 다 볼 수 있는 어떤 칸에도 Z가 들어갈 수 없다.

이런 관계는 눈으로 볼 수 있게 표시하면 더 잘 이해할 수 있다. 회색 선으로 된 체인을 따라가보자. 3행 8열에 있는 2는 6행 8열에 9가 들어가도록 영향을 주며, 이는 4행 7열에 5가 들어가도록 영향을 준다. 파란 선으로 된 체인을 따라가면, 3행 8열에 있는 5는 2행 7열에 9가 들어가도록 영향을 주며 이는 4행 7열에 5가 들어가도록 한다. 3행 8열에 2가 들어가든 5가 들어가든 2행 7열이나 6행 8열에 9가 들어가므로 4행 7열에는 5가 들어가야 한다.

이번에는 다른 체인을 살펴보자. 2행 4열에서 시작하면, 그 칸에 들어가는 값이 2행 7열의 값을 결정하고 그다음 9행 7열의 값을 결정한다. 결국엔 곧바로 결정하거나 9행 2열을 거쳐서 9행 5열의 값을 결정하게 되는 것이다.

2행 4열이 6이라면, 2행 7열은 5가 되고, 9행 7열은 6이 되며, 9행 2열은 3이 되므로 9행 5열은 5가 되는 구조다.

이 체인에서 중요한 점은 2행 4열이 5가 되든 6이 되든, 9행 5열이 5라는 사실을 알아차리는 것이다. 이 두 칸을 다 볼 수 있는 칸에는 5가 들어갈 수 없다. 특히 3행 5열과 8행 4열은 후보 숫자에서 5를 뺄 수 있다.

이 체인은 서로 연결하려면 두 개의 똑같은 후보 숫자가 있는 칸이 필요하다. 체인을 연결하는 다른 방법을 살펴보자.

이 체인은 1행 7열에 있는 1에서 시작한다. 첫 번째 가로줄에는 후보 숫자 1이 두 개밖에 없으므로 1행 7열에 1이 들어가는지 아닌지에 따라 어떻게 되는지 쉽게 살펴볼 수 있다.

1행 7열이 1이 아니라면 파란 선을 따라가서 1행 1열이 1이 되어야 하고, 2행 3열은 1이 아니므로 8행 3열은 1이 된다. 따라서 1행 7열이 1이거나 8행 3열이 1이라는 것을 알 수 있다.

8행 7열이 1행 7열과 8행 3열을 둘 다 볼 수 있고, 1행 7열과 8행 3열 중 하나가 1이기 때문에 8행 7열에는 1이 들어갈 수 없다.

20

한 칸에서 후보 숫자 하나를 없애는 데 너무 많은 노력이 필요하다고 생각할 수 있지만, 후보 숫자 하나만 없애도 전체적으로 이어진 새로운 수를 풀어낼 가능성이 생긴다.

어려운 스도쿠를 풀려고 노력하다 보면 서로 이어지는 칸을 새로운 방법으로 찾을 수도 있다. 목표는 하나의 칸에서 바로 판별할 수 있는 사항들을 결정한 다음, 처음에 어느 쪽을 결정하든 다른 칸이 똑같은 영향을 받는지 살펴보고 체인이 시작되는 곳을 찾는 것이다.

유일성 규칙(UNIQUENESS)

모든 스도쿠는 정답이 단 하나만 있다. 이 원칙을 활용하는 유일성 규칙은 특히 어려운 퍼즐을 풀 때 도움이 된다. 예시에서 색칠한 8행 6열, 8행 9열, 9행 6열, 9행 9열을 자세히 보자. 이들 중 세 칸에는 6이나 7만 들어갈 수 있고, 네 번째 칸에는 2, 6, 7만 들어갈 수 있다. 9행 9열의 후보 숫자에 2가 없다고 가정하면, 네 칸에는 전부 후보 숫자가 6과 7만 남는다. 그러면 이들 네 칸에는 여덟 번째 가로줄, 아홉 번째 가로줄, 여섯 번째 세로줄, 아홉 번째 세로줄, 가운데 아래 상자와 오른쪽 아래 상자에 전부 6과 7만 들어가게 된다. 8행 6열에는 둘 다 들어갈 수 있으므로 6을 넣든 7을 넣든 상관없다. 그러나 이렇게 하면 특정한 하나의 해답이 있는 스도쿠의 유일성 규칙을 어기게 되므로 9행 9열에는 2가 들어가야만 한다.

이 방법을 활용하려면 두 개의 후보 숫자가 두 개의 가로줄, 세로줄, 박스에 똑같이 들어가는 네 칸이 있어야 하고, 그중 한 칸에는 세 번째 후보 숫자가 있어야 한다. 이때 세 번째 후보 숫자는 반드시 그 칸의 값이 되어야 한다.

고난도의 스도쿠를 풀다 보면, 하나의 후보 숫자를 없앴을 때 풀이가 여러 개로 나올 수 있다. 그런 경우에는 그 후보 숫자가 해당 칸의 값이어야 한다.

변형 스도쿠

일반 스도쿠 말고도 스도쿠에는 여러 가지 종류가 있다. 스도쿠의 기본 규칙을 완전히 익히고 이 책의 STAGE 1을 마쳤다면, 스도쿠를 풀기 위한 새로운 규칙을 변형 스도쿠에서 어떻게 적용할 수 있을지 생각해 보자. 그러나 몇몇 변형 스도쿠는 꽤 어려울 것이다. 심지어 어떤 스도쿠는 숫자가 하나도 없는 상태에서 시작하기도 한다.

스도쿠의 일반적인 규칙들이 대부분 변형 스도쿠에 그대로 적용되며, 종종 그 스도쿠 유형만의 특별한 규칙들이 문제를 풀 때 중요한 정보를 준다. 새로운 규칙을 어떻게 유리하게 써먹을지 알아내는 재미도 한껏 느낄 수 있다. 참고로 변형 스도쿠들을 어떻게 시작해야 할지 모르거나 풀다가 막히면 힌트를 적극적으로 참고하는 것이 좋다. 가끔 힌트 하나로 중요한 과정을 풀어낼 수 있다.

STAGE 2에 등장하는 변형 스도쿠

대각선 스도쿠
가로줄과 세로줄, 박스에 더해 문제에 있는 두 대각선에도 각각 1부터 9까지의 숫자가 하나씩 들어간다.

투도쿠

두 개의 스도쿠가 공유하는 박스 하나가 있다.

연속 스도쿠(파이프 스도쿠)

칸과 칸 사이에 파이프 모양의 막대가 있다면, 이 두 칸에는 연속해서 이어지는 숫자가 들어간다. 칸과 칸 사이에 막대가 없다면, 숫자는 연속해서 이어지지 않는다.

직소 스도쿠

박스가 3×3 크기의 정사각형이 아니라 불규칙한 모양을 이룬다.

창문 스도쿠

문제에 창문처럼 생긴 네 개의 박스가 표시되어 있으며, 이곳에도 1부터 9까지의 숫자가 하나씩 들어간다.

STAGE 3에 등장하는 변형 스도쿠

홀짝 스도쿠

회색 동그라미가 있는 칸은 홀수로 채워야 하며, 회색 사각형이 있는 칸은 짝수로 채워야 한다. 아무 모양도 없는 칸은 홀수와 짝수 모두 들어갈 수 있다.

중심점 스도쿠

각 박스의 한가운데 칸에 1부터 9까지의 숫자가 하나씩 들어간다.

16×16 스도쿠

이 퍼즐은 1부터 9까지의 숫자와 A부터 G까지의 알파벳을 써서 총 16개의 다른 기호를 사용한다. 박스는 3×3이 아닌 4×4 크기다.

불연속 스도쿠(역 파이프 스도쿠)

가로 또는 세로로 인접한 칸에는 연속으로 이어진 숫자가 들어갈 수 없다.

SPECIAL STAGE에 등장하는 변형 스도쿠

크롭키 스도쿠

칸과 칸 사이에 검은색 원이 있으면, 한쪽에 있는 숫자가 다른 쪽 숫자의 두 배가 되어야 한다. 칸과 칸 사이에 흰색 원이 있으면, 두 숫자는 연속으로 이어져야 한다. 칸과 칸 사이에 원이 없으면, 양쪽 칸에 들어가는 숫자는 두 배도 아니고 연속된 숫자도 아니다. 예를 들어 1과 2는 칸과 칸 사이에 검은색 원이 올 수도 있고 흰색 원이 올 수도 있다.

- **첫 번째 팁**: 검은색 원이 많이 몰려 있는 곳에서 시작한다. 보통 그런 곳이 후보 숫자가 적은 편이므로 네이키드 페어(14쪽 참고)가 몇 개 생길 수 있다.

- **두 번째 팁**: 가로줄이나 세로줄 또는 박스에 있는 여섯 개의 칸 사이에 검은색 원이 있으면, 가능한 후보 숫자가 6개인 네이키드 섹튜플(Naked Sextuple)이 만들어진다.

킬러 스도쿠

점선으로 둘러싸인 구역마다 그 안에 있는 숫자는 그 구역에 들어가는 모든 숫자의 합이다. 그 외에는 스도쿠의 일반적인 규칙이 모두 적용된다.

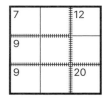

- **첫 번째 팁**: 가능한 후보 숫자가 하나밖에 없는 곳을 찾아보자. 예를 들면 두 칸의 합이 3, 4, 16, 17이 되는 곳은 네이키드 페어가 될 수 있다.

- **두 번째 팁**: 1부터 9까지의 숫자를 다 합하면 45가 되므로 가로줄과 세로줄, 박스를 다 합하면 45가 되어야 한다. 여기에 있는 박스를 보면, 합이 7, 9, 9, 12가 되는 구역은 이 박스에 전부 포함되지만 합이 20이 되는 구역은 다른 박스에 포함되어야 한다. 이 구역의 숫자를 다 더하면 37이므로, 박스 전체의 합이 45가 되려면 오른쪽 아래 구석에 있는 칸에 8이 들어가야 한다.

부등호 스도쿠

상자 안에서 서로 인접한 칸 사이에 부등호 표시가 있다. 그 외에는 스도쿠의 일반적인 규칙이 모두 적용된다.

체인 스도쿠

문제에 박스가 없는 대신 1부터 9까지의 숫자가 하나씩 들어가야 하는 아홉 개의 원이 연결되어 있다. 그 외에는 스도쿠의 일반적인 규칙이 모두 적용된다.

스카이스크래퍼 스도쿠

이 스도쿠는 일반 스도쿠와 비슷하지만, 칸 바깥에 있는 숫자로 추가적인 정보를 준다. 모든 칸에 빌딩이 한 채씩 세워져 있다고 가정해 보자. 빈칸에 들어가는 숫자는 그 칸의 빌딩이 몇 층짜리인지를 나타낸다. 칸 바깥에 있는 숫자는 그 위치에서 빌딩이 몇 개나 보이는지 알려준다. 예를 들어 특정 줄을 바라볼 때 작은 건물이 높은 건물 뒤에 있으면 가려져서 보이지 않을 것이다.

대각선+중심점+창문 스도쿠

양쪽 대각선, 네 개의 창문, 아홉 개의 박스 가운데 칸에 전부 1부터 9까지의 숫자가 하나씩 들어간다.

버터플라이 스도쿠

네 개의 스도쿠가 연결되어 박스가 겹친다.

직소 투도쿠

직소 스도쿠 두 개가 서로 연결되어 박스가 겹친다.

일러두기

- 《슈퍼 스도쿠 초고난도 200문제》에서는 일반적인 스도쿠와 함께 각종 스도쿠 대회에서 출제되는 다양한 유형의 변형 스도쿠를 풀어볼 수 있습니다. 변형 스도쿠가 등장하는 경우에는 문제 아래에 해당 유형과 문제 번호, 규칙을 설명한 쪽수를 밝혀두었습니다.

- 모든 문제마다 힌트 세 단계가 있으며, 특정 빈칸의 숫자를 알려주는 방식으로 제공됩니다. 예를 들어 힌트가 1(9행 8열)이라면 9행 8열 칸에 들어가는 숫자가 1이라는 뜻입니다.

- 1번부터 10번 스도쿠까지는 힌트가 문제 우측 하단에 바로 제시되어 있으며, 11번 스도쿠부터는 힌트가 적힌 쪽수를 밝혀두었습니다. 풀리지 않는 문제가 있을 때는 단계별로 제공되는 힌트를 참고해 주시기 바랍니다.

STAGE 1

이 단계에서 등장하는 스도쿠는 약간
어려운 수준입니다. 곧바로 풀리지는 않겠지만,
문제 대부분은 일반적인 스도쿠 풀이법으로
해결할 수 있습니다.

001

2	3	8		7				
		9	2					
		4		9	8			
9				3	4			1
3	4		8	1	7		2	6
6			9	2				8
			7	5		8		
					9	1		
				8		5	7	4

힌트 1 ▶ 2(9행 6열)
힌트 2 ▶ 2(8행 9열)
힌트 3 ▶ 7(2행 9열)

002

			7					
						4		2
	2	1	8			7	9	5
	1	2	6					3
8	5			7			6	1
7					1	5	8	
9	3	4			6	8	2	
2		8						
				7				

힌트 1 ▶ 2(9행 4열)
힌트 2 ▶ 5(4행 5열)
힌트 3 ▶ 4(3행 6열)

003

		2	7	8		1		4
6		9						
		4	6	3		2	8	
1							2	
9								8
	6							5
	5	7		1	4	8		
						5		2
8		6		5	2	4		

힌트 1 ▶ 9(7행 4열)
힌트 2 ▶ 7(2행 9열)
힌트 3 ▶ 2(6행 4열)

004

		1	9	4		8	7	
		3		8	2	1	9	
					1			6
						9		
			2	1	4			
		6						
6			1					
	1	7	5	9		3		
	5	9		3	8	7		

힌트 1 ▶ 5(5행 3열)
힌트 2 ▶ 7(2행 1열)
힌트 3 ▶ 9(5행 1열)

005

5								3
					2		1	5
	6		5	7				
1	9		2				4	
8								9
	4				8		3	2
				4	9		5	
2	1		3					
6								7

힌트1 ▶ 9(9행 8열)
힌트2 ▶ 6(1행 6열)
힌트3 ▶ 7(2행 3열)

35

006

4			5		9		6	1
							2	
			7				8	
2	5		3			9		
				6				
		9			7		3	6
	8				1			
	3							
5	2		8		6			4

힌트 1 9(9행 8열)
힌트 2 7(4행 9열)
힌트 3 3(2행 1열)

007

1	4							
			9					
3		8		6	4			
2		3		5				4
5		7		8		3		9
8				2		7		1
			3	9		2		7
					5			
							6	3

힌트 1 ▶ 3(8행 2열)
힌트 2 ▶ 2(1행 6열)
힌트 3 ▶ 3(1행 8열)

008

			8		9	7		
		5	4	7				
					2		8	6
1	4			5			6	
8								7
	3			4			9	5
7	1		9					
				8	4	9		
		2	1		5			

힌트 1 ▶ 3(9행 5열)
힌트 2 ▶ 3(1행 1열)
힌트 3 ▶ 8(4행 7열)

009

						3	5	8
		5			7			
				6	8	2		7
	4							2
		1	4	8	9	5		
3							9	
4		3	6	7				
			3			6		
7	9	6						

힌트 1 ▶ 7(1행 3열)
힌트 2 ▶ 9(1행 4열)
힌트 3 ▶ 5(9행 9열)

010

5	6	8					4	3
					9		7	
			4					5
2		3		8				
				1		8		7
7					6			
	3		2					
9	1					6	3	8

힌트1 ▶ 1(7행 4열)
힌트2 ▶ 3(6행 4열)
힌트3 ▶ 5(5행 2열)

011

3	2					6		
1			3		7	2	8	
			2		8	5	4	
8								9
	1	5	7		9			
	4	1	9		5			3
		7					9	1

힌트 1 ▶ 274쪽
힌트 2 ▶ 277쪽
힌트 3 ▶ 281쪽

012

5			1		8	6	3	
6				7	3	4		5
							6	7
	7		8		2		1	
1	5							
2		1	3	5				4
	8	4	2		7			1

힌트 1 ▶ 274쪽
힌트 2 ▶ 277쪽
힌트 3 ▶ 281쪽

013

6					2		5	
		4					7	9
				9				
		3			6	9	8	
	6		8	7	5		3	
	4	5	9			6		
				3				
3	9					5		
	2		7					1

힌트 1 ▶ 274쪽
힌트 2 ▶ 277쪽
힌트 3 ▶ 281쪽

014

4					2	6	9	
			4	8	9	3		2
8		9					3	7
6				3				4
7	4					2		6
2		4	3	5	7			
	5	7	8					9

힌트 1 ▶ 274쪽
힌트 2 ▶ 277쪽
힌트 3 ▶ 281쪽

015

8	1						3	
4				1		7	2	
		3	8					4
			3	6				
		1	7		2	5		
				9	5			
3					8	4		
	5	6		2				7
	8						6	2

힌트 1 ▶ 274쪽
힌트 2 ▶ 277쪽
힌트 3 ▶ 281쪽

016

2	4	9					5	7
	3		8	7			2	
		6						
				8	2			
	5	7	6		4	3	8	
			7	3				
						6		
	6			4	8		7	
3	7					2	4	5

힌트 1 ▶ 274쪽
힌트 2 ▶ 277쪽
힌트 3 ▶ 281쪽

017

1	7							
		8		9				
2					7	5		3
			5	2				9
5	2			7			3	6
9				3	1			
6		7	1					5
				4		9		
							2	1

힌트 1 274쪽
힌트 2 277쪽
힌트 3 281쪽

018

						5		
8	4				6	9		
5		1	7		9			
	8			2				7
	7	2		3		1	6	
3				7			5	
			2		3	7		8
		8	5				1	6
		9						

 274쪽
 277쪽
 281쪽

힌트 1 274쪽
힌트 2 277쪽
힌트 3 281쪽

019

4	5	3	9					
				8	6			4
		1	5			9		
3	8		6					
					8		5	6
		2			4	8		
6			8	3				
					2	1	3	9

힌트 1 ▶ 274쪽
힌트 2 ▶ 278쪽
힌트 3 ▶ 281쪽

020

	4			6		2	3	
	6	3		7	1			
9	2				6	1		
				3				
		5	1				6	9
			8	4		5	2	
	3	2		5			8	

힌트1 274쪽
힌트2 278쪽
힌트3 281쪽

021

4					5			
	6				1		3	
1		2		7	8			
7							1	
2		6		5		7		8
	4							3
			5	4		9		1
	7		1				8	
			3					7

힌트 1 ▶ 274쪽
힌트 2 ▶ 278쪽
힌트 3 ▶ 281쪽

022

		1			5		7	
2			8	7				
7				1			4	
		3			8		1	
	1		4	3	7		9	
	7		5			3		
	8			2				9
				8	9			1
	3		7			2		

힌트1 274쪽
힌트2 278쪽
힌트3 281쪽

023

		7	2			8		6
6	2				4			
	4			7				
3	7			6	5			
			7	9			1	8
			9			6		
			1				2	9
5		2			6	7		

힌트 1 274쪽
힌트 2 278쪽
힌트 3 281쪽

024

							9	
						8		1
				2	1	3	6	7
2					4	6		8
			9		8			
7		8	2					3
8	9	2	4	5				
5		4						
	1							

힌트1 274쪽
힌트2 278쪽
힌트3 281쪽

025

	3	9	4		1		7	2
5	1		7					
							3	
		3	5				4	
		4				7		
	5				9	3		
	8							
					4		2	5
3	6		8		5	4	9	

힌트1 ▶ 274쪽
힌트2 ▶ 278쪽
힌트3 ▶ 281쪽

026

1	5				4		6	
			1	3	7			
9							4	1
		4		6				9
				2				
5				7		4		
8	3							7
		1	6	3				
	2		8				1	5

힌트 1 ▶ 274쪽
힌트 2 ▶ 278쪽
힌트 3 ▶ 281쪽

027

			2	6				3
4					3	9	1	6
		9						
		7				2	4	
			8		5			
	5	3				8		
						3		
3	8	2	6					9
9				8	7			

 274쪽
 278쪽
힌트 3 281쪽

028

		8	9				4	
		7			6	5		2
9			7	2				6
						6		5
	7						8	
8		6						
2				1	7			8
1		4	5			7		
	6				4	2		

힌트1 274쪽
힌트2 278쪽
힌트3 281쪽

029

	4	5			3			
6							9	
		1	7		2			4
7	1							
			9	3	5			
							4	2
8			4		6	7		
	2							5
			3			4	6	

힌트 1 274쪽
힌트 2 278쪽
힌트 3 281쪽

030

			3			6	8	2
	9	7	6					
3								
			9					1
7		4	1		3	5		8
1					4			
								5
					6	2	1	
8	6	3			5			

힌트1 ▶ 274쪽
힌트2 ▶ 278쪽
힌트3 ▶ 281쪽

031

8				3		5	1	7
9	1							
			5					
	9				5	1		4
7		1				3		5
5		2	8				7	
					4			
							6	2
1	7	8		2				3

힌트 1 ▶ 274쪽
힌트 2 ▶ 278쪽
힌트 3 ▶ 281쪽

032

4						9		1
2	1				5	4		
				1			3	
	4	3	1					
				3				
					6	3	7	
	8			6				
		7	4				5	8
9		2						4

힌트 1 ▶ 274쪽
힌트 2 ▶ 278쪽
힌트 3 ▶ 281쪽

033

3		8	5				6	
4		9	6					3
8	1	6						
			9		1			
						2	7	1
9					6	4		2
	3				8	1		9

힌트 1 ▶ 274쪽
힌트 2 ▶ 278쪽
힌트 3 ▶ 281쪽

034

						9	4	
7				6				3
6	5				8	7		
			6	3				
1	3						5	4
				2	5			
		6	1				2	9
5				8				1
	4	1						

힌트 1 ▶ 274쪽
힌트 2 ▶ 278쪽
힌트 3 ▶ 281쪽

035

7			2	1			3	
	1		9				2	
2		3					8	
	2		7		1			3
1			5		6		7	
	5					3		2
	9				5		6	
	7			8	9			5

힌트 1 ▶ 274쪽
힌트 2 ▶ 278쪽
힌트 3 ▶ 281쪽

036

				8	9	1		
	4	3	2					
8					5		9	6
	5							1
				4				
2							3	
5	2		3					7
					4	9	1	
		8	1	6				

힌트 1 ▶ 274쪽
힌트 2 ▶ 278쪽
힌트 3 ▶ 281쪽

037

					5			8
	3	2					9	5
		4			3			
				4	9		8	7
	4			1			3	
9	1		6	8				
			8			7		
8	9					5	2	
3			2					

힌트1 274쪽
힌트2 278쪽
힌트3 281쪽

038

7	8					6	4	
		3		8				9
2		4	9				8	
5	4		1					
				9				
					8		3	2
	2				4	8		6
4				5		3		
	3	1					2	5

힌트1 274쪽
힌트2 278쪽
힌트3 281쪽

039

					6	2		9
	8							5
	4			7				1
4	9	6	2					
				4				
					1	6	9	4
9				5			1	
1							4	
5		2	1					

힌트 1 ▶ 274쪽
힌트 2 ▶ 278쪽
힌트 3 ▶ 281쪽

040

2	6	8						9
			2					
	3	1		4				
		9		7	4			
		4	9	1	5	6		
			8	6			1	
				9			2	6
					1			
9							3	1	5

힌트 1 ▶ 274쪽
힌트 2 ▶ 278쪽
힌트 3 ▶ 281쪽

041

	4	9	6					
						8		7
		5						
			9	6		7		8
3	9		1		7		4	2
5		7		8	2			
						5		
8		4						
					9	3	6	

힌트 1 ▶ 274쪽
힌트 2 ▶ 278쪽
힌트 3 ▶ 281쪽

042

	3		8			1	2	
6	8		3	5				
	7							3
	2		1	6				9
5				8	2		1	
2							7	
				2	5		6	1
	6	7			3		5	

힌트 1 ▶ 274쪽
힌트 2 ▶ 278쪽
힌트 3 ▶ 281쪽

043

1		5			3		4	
					9	6	1	
				8				
		6				9		
	7		5	1	4		8	
		8				1		
				5				
	4	7	8					
	6		9			5		7

힌트 1 ▶ 274쪽
힌트 2 ▶ 278쪽
힌트 3 ▶ 282쪽

044

			4	6		1	
	4	8	5	7				
	7	1			9	3		4
		4		3		1		
9		6	4			7	2	
				6	1	9	5	
	6		7	5				

힌트 1 ▶ 274쪽
힌트 2 ▶ 278쪽
힌트 3 ▶ 282쪽

045

5			3	8				6
1		3		2		8		
					5	1	2	
						2	3	
				6				
	4	1						
	9	5	1					
		7		3		6		2
3				5	2			7

힌트 1 274쪽
힌트 2 278쪽
힌트 3 282쪽

046

5				2		6		1
	8	2			7			
6						2		
	1				2			
		7	3		4	1		
			1				4	
		6						2
			5			3	9	
4		1		8				6

힌트1 274쪽
힌트2 278쪽
힌트3 282쪽

047

8	9		5					
					6	2		
				1	7		8	
	5	8	4				1	
				5				
	3				1	9	7	
	8		7	6				
		3	9					
					4		5	7

힌트 1 ▶ 274쪽
힌트 2 ▶ 278쪽
힌트 3 ▶ 282쪽

048

8		1					7	
			4	9				6
							2	1
	9	6	8	4				
			2	7	3	1		
2	8							
9				7	8			
	3					1		8

힌트 1 ▶ 274쪽
힌트 2 ▶ 278쪽
힌트 3 ▶ 282쪽

049

1								5
					4			
	2	8		6	5	1		
3	8				1	5	4	
				5				
	1	5	6				3	8
		7	4	2		3	8	
			3					
2								6

힌트 1 ▶ 274쪽
힌트 2 ▶ 278쪽
힌트 3 ▶ 282쪽

050

		7						
			7	4		3	1	
					8		9	
1				2			3	8
4		2		8		7		9
3	7			9				2
	3		4					
	8	5		3	2			
						2		

힌트 1 274쪽
힌트 2 278쪽
힌트 3 282쪽

STAGE 2

이제부터는 앞서 해설한 몇 가지 풀이법을 적용해야
해결할 수 있는 문제가 있습니다. 변형 스도쿠로는
대각선 스도쿠, 투도쿠, 연속 스도쿠, 직소 스도쿠,
창문 스도쿠가 등장합니다.

051

				4	7			2
5		4	2			7	6	
	7		6	3	9	4		
	6						9	
		5	4	8	2		7	
	5	1			3	6		8
7			5	1				

힌트 1 ▶ 274쪽
힌트 2 ▶ 278쪽
힌트 3 ▶ 282쪽

052

			5	1				3
	7	5			6	4		
						6		
	2	9						6
4		3				7		2
1						3	9	
		2						
		4	9			1	8	
9				3	7			

힌트 1 ▶ 274쪽
힌트 2 ▶ 278쪽
힌트 3 ▶ 282쪽

053

6								1
		9	6					
	3				4	6	9	7
	9		7	6			4	
5								9
	4			5	1		8	
3	2	5	1				6	
					6	7		
4								8

힌트1 274쪽
힌트2 278쪽
힌트3 282쪽

054

	8				5			
4	9	7		3				
						3	7	1
	4	9	6					
				9				
					1	5	3	
2	5	4						
				7		2	4	6
			3				5	

힌트1 274쪽
힌트2 278쪽
힌트3 282쪽

055

					9	1		8
	2	8	6		7			
		7						
8				9		2		6
6				2				5
7		2		6				4
						6		
			1		5	3	2	
2		3	8					

힌트 1 ▶ 274쪽
힌트 2 ▶ 278쪽
힌트 3 ▶ 282쪽

056

1	8	2	5					
					7	4		
							5	
2			8	3			1	
3	4						9	7
	1			4	5			2
	3							
		7	9					
					6	1	3	9

힌트1 274쪽
힌트2 278쪽
힌트3 282쪽

057

							4	5
	4			2	5	1	8	7
			1	7		2		
4		5				7	6	
	6	1				4		3
		4		9	6			
6	3	7	8	1			9	
2	9							

힌트1 ▶ 274쪽
힌트2 ▶ 278쪽
힌트3 ▶ 282쪽

058

					2	1		4
1		7			4	9		
8							5	
	3	5		9				
	6			2			8	
				7		5	1	
	7							5
		8	9			4		1
3		4	8					

힌트1 274쪽
힌트2 278쪽
힌트3 282쪽

059

				1	2	5	7	
				1	2	5	7	
	4	8	7		3			
						2		9
2	7						1	4
6		1						
			6		5	1	4	
	8	7	9	3				

힌트1 274쪽
힌트2 278쪽
힌트3 282쪽

060

7			6	5	2	1		8
		3			1			7
6					8		4	
		2				9		
	7		5					6
2			7			3		
4		1	9	3	6			5

힌트 1 ▶ 274쪽
힌트 2 ▶ 278쪽
힌트 3 ▶ 282쪽

061

1			3		4			
	6			7	9			
		4			6	9		
5					3	8	2	9
	3						5	
8	4	9	5					1
		2	6			3		
			4	3			9	
			2		7			5

힌트1 274쪽
힌트2 278쪽
힌트3 282쪽

대각선 스도쿠
(061~064번)
풀이법 23쪽 참고

062

	2	9			3			
6		4				2	3	
3	8		2	4		6	5	
		7	3					5
		2				7		
5					9	3		
	7	5		2	6		1	3
	9	3				5		8
			5			9	7	

힌트 1 ▶ 274쪽
힌트 2 ▶ 278쪽
힌트 3 ▶ 282쪽

063

	1		5	3	8		7	2
5			4		6	3		9
		3					8	
6	8		2	9			3	4
3						9		7
7	4						5	8
	3					8		
1		7	6		2			3
8	5		1	4	3		9	

 힌트 1 274쪽
힌트 2 278쪽
힌트 3 282쪽

064

	5		4				1	
9	4			8	7		3	2
					1	5		
1			8			2	5	
				9				
	3	4			5	7		8
		6	1					
5	1		7				2	9
	9				3		6	

힌트1 275쪽
힌트2 278쪽
힌트3 282쪽

065

6		2						8
8			2	3	1			5
		9	8		6			
		6	1					
5								1
					4	9		
			4		2	3		
2			5	9	7			4
9						8		2

힌트 1 275쪽
힌트 2 278쪽
힌트 3 282쪽

066

5						9		4
	9				4	7	1	
4	7			1				
			1					
	4			6			2	
				7				
				9			8	2
	5	9	2				6	
7		3						9

힌트 1 ▶ 275쪽
힌트 2 ▶ 278쪽
힌트 3 ▶ 282쪽

067

		9						
	8				6	3		
	3	4	1	8				2
3	4		9					
		1		7		4		
					5		7	3
1				4	3	5	9	
		5	6				3	
						2		

힌트 1 ▶ 275쪽
힌트 2 ▶ 278쪽
힌트 3 ▶ 282쪽

068

							3	
	6		8			1	5	
4		3	7					
5	9		1			6		3
8		2			3		4	7
					7	8		9
	7	8			6		2	
	5							

힌트1 ▶ 275쪽
힌트2 ▶ 278쪽
힌트3 ▶ 282쪽

069

	6	8	7				5	
		5	9	1				
7	9							
	4	1						5
9				8				3
6						2	1	
							8	4
				4	2	5		
	1				7	3	6	

 힌트 1 275쪽
 힌트 2 278쪽
 힌트 3 282쪽

070

2			8	3	6			
4								
		5		4			7	
	2	3					5	
8	1		9	6	5		3	7
	5					1	4	
	9			8		7		
								8
			7	5	2			1

힌트 1 ▶ 275쪽
힌트 2 ▶ 278쪽
힌트 3 ▶ 282쪽

071

		5	9				4	
				2	8	3	9	
				3				1
9								3
		7	6	3	4	1		
5								6
7			5					
	5	1	3	6				
	2				7	5		

힌트1 ▶ 275쪽
힌트2 ▶ 278쪽
힌트3 ▶ 282쪽

072

3				2			8	6
8		1			6			9
		6						
	3			5			2	
4								5
	1			9			7	
						4		
2			5			9		1
9	4			8				7

힌트1 275쪽
힌트2 278쪽
힌트3 282쪽

073

		9	7	2	3			
	2	5		1				
	1		8					
		2		8	4	7		
	4							8
		6	1	9		5		
					1		3	
				6		9	4	
			9	7	2	6		

힌트1 ▶ 275쪽
힌트2 ▶ 278쪽
힌트3 ▶ 282쪽

074

5								
		3					5	8
6		2			3	9		
				2				
	7		3	9	4		6	
				6				
		1	8			3		2
4	9					1		
								7

 힌트 1 ▶ 275쪽
힌트 2 ▶ 278쪽
힌트 3 ▶ 282쪽

075

		7	1			3		2						
1	4			9		7								
	9				8									
5			8	7	4									
8		4			9		6							
	7				6		3							
		1			3		2	5	6	8				9
					7			1		5		4		
	2	8							9	4	1			
						8				7				1
												2	3	
							5	9			8	4		7
								8	7			5		
						7		3	5					2
								4		6		1	7	3

힌트 1 ▶ 275쪽
힌트 2 ▶ 278쪽
힌트 3 ▶ 282쪽

투도쿠
(075~078번)
풀이법 24쪽 참고

076

	5		2	3	6		7				
	4				2						
			6			1	4				
		6				9	5				
5	3			4		1					
				5			2				
8		2		1			9		3			1	6
1	6		7			3	2			6	1		
7					5				8			2	
				5		2	1	3			7
			8				9	1		2
			9			5			
		9	1	5		2	6	4		8
		6			9			
				3				5	6	

힌트 1 ▶ 275쪽
힌트 2 ▶ 278쪽
힌트 3 ▶ 282쪽

077

2		6	1			7								
4		9		6			2							
1	5		7			8		6						
	6			3										
5					8	6		2						
		2						1						
6			4		9			3		7	8			9
				2	1			8			9			3
			5		6		1					5	8	
						9				1				5
							5	3						
							4							
									2				9	
						2	6	4						
						4			5	7	3			

힌트1 ▶ 275쪽
힌트2 ▶ 278쪽
힌트3 ▶ 282쪽

078

		8	6			1					
4	5			1		9					
	6	2	9			4					
	7			4							
8	2		3				9				
9						2		6			
7		9			1				8		9	2	
6				9							7	3	
2	4						1					
						8		9				6	3
					2	6			1	3	
									6	4	
									8			6
							5				7	
					7			4			9	

힌트 1 ▶ 275쪽
힌트 2 ▶ 278쪽
힌트 3 ▶ 282쪽

079

					3			4
7				9	4	5		
	3			1		6		7
			3					8
	7			2			9	
1					7			
3		2		7			4	
		1	4	8				6
4			1					

힌트 1 ▶ 275쪽
힌트 2 ▶ 278쪽
힌트 3 ▶ 282쪽

080

2	6					4		
		8		6	2	9	1	7
	8			7			9	
6		1		4		7		5
	9			3			4	
7	1	2	4	8		3		
		6					2	1

힌트 1 275쪽
힌트 2 278쪽
힌트 3 282쪽

081

1	6		8				3	
		9		7				
	8				1			
		8		4			7	
	9	3	1		6	4	2	
	4			8		9		
			9				5	
				6		7		
	1				4		8	9

힌트 1 ▶ 275쪽
힌트 2 ▶ 278쪽
힌트 3 ▶ 282쪽

082

9	8							
			1	5			7	
					9	4		3
7					2			
	9	2		7		6	1	
		4						2
2		5	7					
	3			9	4			
							8	1

힌트1 ▶ 275쪽
힌트2 ▶ 278쪽
힌트3 ▶ 282쪽

083

						9		3
			5		6		8	
	5		1				6	2
			2	8				7
3	8			7			9	6
7				6	1			
6	3				2		7	
	7		3		4			
5		9						

힌트 1 ▶ 275쪽
힌트 2 ▶ 278쪽
힌트 3 ▶ 282쪽

084

5			1	4		3		2
			7			4		
					2	9		
9								
	3	6	4		8	5	7	
								3
		8	6					
		2			5			
6		4		2	3			5

힌트 1 ▶ 275쪽
힌트 2 ▶ 278쪽
힌트 3 ▶ 282쪽

085

7	6		3			5		
8				6				
		5		4	2	6		
						7		3
6	9						8	5
3		8						
		6	1	3		4		
				5				1
		4			9		5	7

힌트1 ▶ 275쪽
힌트2 ▶ 278쪽
힌트3 ▶ 282쪽

086

		9				4		
					4	7		8
4				5	2		6	
2				8			9	
			2		6			
	8			7				6
	7		1	2				4
3		2	9					
		6				2		

힌트 1 ▶ 275쪽
힌트 2 ▶ 278쪽
힌트 3 ▶ 282쪽

087

	9				4				1
					7			8
					1	7	9	
	5				9	2		4
2			4		5			6
4		1	6				8	
	4	8	9					
7			5					
9				3			2	

힌트 1 ▶ 275쪽
힌트 2 ▶ 278쪽
힌트 3 ▶ 282쪽

088

							8	
		3			2	9		
	4		6				3	1
				8	4		6	5
		9		5		3		
5	8		7	6				
8	1				7		5	
		2	5			4		
	7							

힌트 1 ▶ 275쪽
힌트 2 ▶ 279쪽
힌트 3 ▶ 282쪽

089

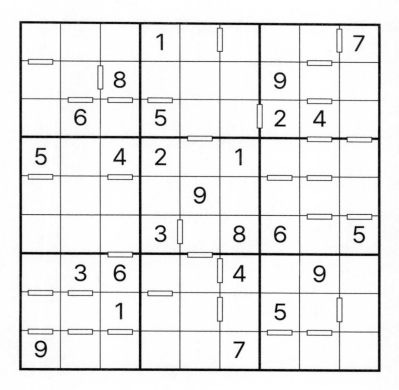

힌트 1 ▶ 275쪽
힌트 2 ▶ 279쪽
힌트 3 ▶ 282쪽

연속 스도쿠
(089~092번)
풀이법 24쪽 참고

090

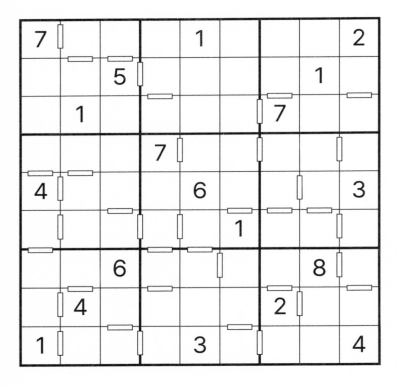

힌트 1 ▶ 275쪽
힌트 2 ▶ 279쪽
힌트 3 ▶ 282쪽

091

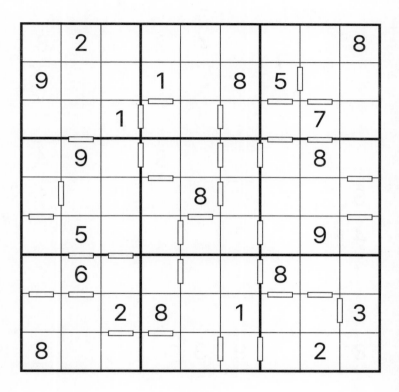

힌트 1 ▶ 275쪽
힌트 2 ▶ 279쪽
힌트 3 ▶ 282쪽

092

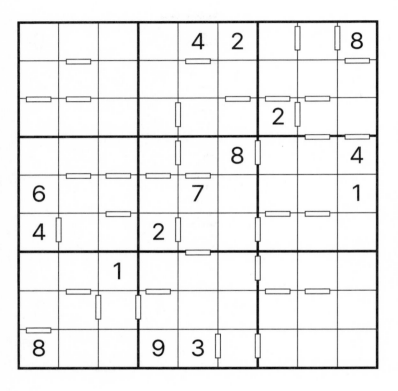

힌트1 ▶ 275쪽
힌트2 ▶ 279쪽
힌트3 ▶ 282쪽

093

1						9		
	3	2	9					6
				5	3	4	1	2
9		6						
	1			2			4	
						2		5
7	5	4	6	3				
3					2	5	9	
		1						3

 힌트 1 275쪽
 힌트 2 279쪽
 힌트 3 282쪽

094

2	9				7			
						8		
		8	1	5				
		7			1		4	5
	3		6	4	2		8	
1	2		7			9		
				1	9	6		
		1						
			5				7	8

힌트1 ▶ 275쪽
힌트2 ▶ 279쪽
힌트3 ▶ 282쪽

095

6					7		2	4
4					6	5	1	
		5			1	3		
								2
		7	5	8	2	6		
8								
		8	9			2		
	5	4	7					6
9	1		4					5

힌트1 275쪽
힌트2 279쪽
힌트3 282쪽

096

8	1					2		
		5		9	3	4		
			8	6			7	
	2							
5		7				8		2
							9	
	9		6	4				
		3	5	2		1		
		2					6	7

힌트 1 ▶ 275쪽
힌트 2 ▶ 279쪽
힌트 3 ▶ 282쪽

097

3	6		1			7		
9	4							
		5		4	9			
				7	3	2	8	1
7	8	6	2	1				
			4	8		3		
							7	5
		3			2		1	6

힌트 1 ▷ 275쪽
힌트 2 ▷ 279쪽
힌트 3 ▷ 282쪽

098

			7				1	6
		8	3	5		2	7	
		5	1			8	6	2
	2			9			3	
1	6	3			5	7		
	8	7		3	6	1		
9	5				4			

힌트 1 ▶ 275쪽
힌트 2 ▶ 279쪽
힌트 3 ▶ 282쪽

099

			4				3	
		5		3	9	7		
			7	6	1		8
6	3							
		9				5		
							2	9
5		3	1	4				
		7	9	2		6		
	4				7			

힌트1 ▶ 275쪽
힌트2 ▶ 279쪽
힌트3 ▶ 282쪽

100

8	1							6
9		4		2				
			5			8	4	
				5	6			2
1	3						8	4
2			8	3				
	8	3			2			
				4		9		8
4							3	1

힌트1 ▶ 275쪽
힌트2 ▶ 279쪽
힌트3 ▶ 282쪽

101

			8				4	7
	7	3						
6						2		
		2	5		8	6		
			3	4	7			
		7	2		9	8		
		5						9
						1	6	
8	9				3			

힌트 1 ▶ 275쪽
힌트 2 ▶ 279쪽
힌트 3 ▶ 282쪽

102

	6	5					2	
2			9		5		8	
4				7				
5	8							
			7	9	3			
							9	2
				6				8
	2		1		8			9
	4					3	6	

힌트1 ▶ 275쪽
힌트2 ▶ 279쪽
힌트3 ▶ 282쪽

103

	3	7			6	2		
2	5	9	7	8	4			
			4			1		9
9		1			5			
8	2			7			1	4
						9		
3	7		1		8		6	2
	9				1	8		7
	1		2	4		3		

힌트 1 ▶ 275쪽
힌트 2 ▶ 279쪽
힌트 3 ▶ 282쪽

직소 스도쿠
(103~106번)
풀이법 24쪽 참고

104

								5
					2		6	
4			2			6	8	
		2		5			4	3
5	8			9	3		2	
7				8	1	2		
	3		1				7	
		7	9					4
					7	3		

힌트 1 ▶ 275쪽
힌트 2 ▶ 279쪽
힌트 3 ▶ 282쪽

105

	1							
		6	9	7				4
	7			2				
			1		7	3		
7		8		1		9	2	
	9			8				1
		7	4	9	6	8		
						7		
			5					7

 힌트1 275쪽

힌트2 279쪽

힌트3 282쪽

106

	6						7	
	2	5			3		4	
8		4					5	
			7			9	2	
	9				5			
								1
7	4							
						3		
1			4		9		3	8

힌트 1 ▶ 275쪽
힌트 2 ▶ 279쪽
힌트 3 ▶ 282쪽

107

					2		6	9
1					7			
		5		6			4	
	2	4	6					8
				8				
8					3	5	1	
	1			4		3		
			8					2
4	5		7					

 275쪽
 279쪽
힌트 3 ▶ 282쪽

108

	9			1				3
			7					
			2			7	8	1
2		4			5		7	
1								5
	5		3			6		4
3	7	2			6			
					3			
9				5			1	

힌트1 > 275쪽
힌트2 > 279쪽
힌트3 > 282쪽

109

		4	5	9				3
			8					5
1		7	2			9		
		9					1	4
4	1					6		
		2			8	3		7
8					6			
5				7	9	8		

힌트 1 275쪽
힌트 2 279쪽
힌트 3 282쪽

110

						2	4	
3			5	6				7
6	8							
	5		8	7		6		
	1						9	
		6		2	9		5	
							6	1
5				9	4			3
	6	4						

힌트 1 ▶ 275쪽
힌트 2 ▶ 279쪽
힌트 3 ▶ 282쪽

111

4					7	1			
	6	7	2					
9		3						
					9	5	8	
	5		4	8	2		7	
	1	4	7					
						8		5
					4	2	6	
			5	9				1

힌트 1 ▶ 275쪽
힌트 2 ▶ 279쪽
힌트 3 ▶ 282쪽

112

		2	9				1	7
							4	
1	4			6				
4			5	1				
		1	3		9	8		
				2	6			4
			9				7	6
	3							
8	6				3	2		

 힌트 1 275쪽
 힌트 2 279쪽
 힌트 3 283쪽

113

					9	3		
							1	6
5				6			4	7
9		6	3		8			
		5				2		
			7		5	1		9
1	7			8				4
4	9							
		8	2					

힌트 1 ▶ 275쪽
힌트 2 ▶ 279쪽
힌트 3 ▶ 283쪽

114

					5		2	8
		3		4	7	1		
	5	2				7		
							4	1
			1	2	9			
1	3							
		1				4	9	
		5	7	9		6		
4	9		6					

힌트 1 ▶ 275쪽
힌트 2 ▶ 279쪽
힌트 3 ▶ 283쪽

115

	1				7			
	9	5						
8			9	5	2			
1	5		2	4		7		
	3	2				9	1	
		7		1	9		5	2
			7	8	6			9
						1	7	
			1				2	

힌트 1 ▶ 275쪽
힌트 2 ▶ 279쪽
힌트 3 ▶ 283쪽

116

7			3			8	4	
1	5	3						
						9		
		7	5	1		3	8	
				7				
	8	5		9	4	2		
		9						
						5	3	6
	3	1			6			8

힌트 1 ▶ 275쪽
힌트 2 ▶ 279쪽
힌트 3 ▶ 283쪽

117

				1				
	6	1	4	3	7		2	
	3	7				1		
	8		2				6	
7	4			5			3	2
	2				4		7	
		3				6	8	
	9		8	6	2	3	1	
				4				

힌트 1 ▶ 275쪽
힌트 2 ▶ 279쪽
힌트 3 ▶ 283쪽

창문 스도쿠
(117~120번)
풀이법 24쪽 참고

118

3	9		7	8				6
7	8				4		9	
						7		
2							6	
4				1				2
	5							4
		3						
	7		4				2	5
5				9	6		8	7

힌트 1 ▶ 275쪽
힌트 2 ▶ 279쪽
힌트 3 ▶ 283쪽

119

4			3	7				
	6				4		8	
		7			1	6		
9					5	7	2	
2								8
	4	6	8					5
		3	7			5		
	5		1				7	
				5	9			3

힌트 1 ▶ 275쪽
힌트 2 ▶ 279쪽
힌트 3 ▶ 283쪽

120

								4
	5			3			2	
			2		9	5		
		9	3			6		
	7			9			8	
		2			6	9		
		1	6		2			
	3			1			5	
2								

힌트 1 275쪽
힌트 2 279쪽
힌트 3 283쪽

STAGE 3

매우 어려운 문제들로 구성되어 있으며 다양한
풀이법을 활용해 오랜 시간을 들여 풀어야 합니다.
변형 스도쿠로는 홀짝 스도쿠, 중심점 스도쿠,
16×16 스도쿠, 불연속 스도쿠가 등장합니다.

121

			5					
			4	1		7		
		8					2	3
		5		9			8	6
	9		8		6		7	
8	3			5		4		
9	7					2		
		3		4	1			
					5			

힌트 1 ▶ 275쪽
힌트 2 ▶ 279쪽
힌트 3 ▶ 283쪽

122

5		4	6					
3	1		2	8				
	7			1	5			
					6	7		8
9		2	4					
			1	4			5	
				2	9		6	1
					3	9		4

힌트1 ▶ 275쪽
힌트2 ▶ 279쪽
힌트3 ▶ 283쪽

123

	6	9	1	7		8		
					5			
				4			1	9
		2					3	
	7			5			8	
	3					1		
7	5			3				
			5					
		6		1	7	9	4	

힌트1 ▶ 275쪽
힌트2 ▶ 279쪽
힌트3 ▶ 283쪽

124

	4	1		9			6	
5		2		7				
	6				3			
	1	7	5			9		
				2				
		4			7	1	8	
			3				1	
				1		3		6
	9			4		8	7	

힌트1 ▶ 275쪽
힌트2 ▶ 279쪽
힌트3 ▶ 283쪽

125

				7			5	
3					8	9		
		4	5	2		3	1	
						5	4	
		7	1	4	3	2		
	4	8						
	1	3		9	2	4		
		2	8					1
	7			3				

힌트 1 ▶ 275쪽
힌트 2 ▶ 279쪽
힌트 3 ▶ 283쪽

126

	2	4		1			6	
	7				5	1		2
3					8			
	1	5	6	9				
				8	1	5	2	
			8					9
9		6	7				1	
	3			2		4	5	

힌트 1 ▶ 275쪽
힌트 2 ▶ 279쪽
힌트 3 ▶ 283쪽

127

	6			3	8			
	3		1				5	9
4	9			2		3		
							8	
		2		5		4		
	1							
		4		6			9	5
6	2				9		3	
			3	7			2	

 힌트 1 ▶ 275쪽

 힌트 2 ▶ 279쪽

힌트 3 ▶ 283쪽

128

1			5					
6	2			3	1	7		
3					4			
	1			8		6		7
4								3
8		3		9			1	
			3					2
		1	2	6			9	4
					8			6

힌트 1 ▶ 275쪽
힌트 2 ▶ 279쪽
힌트 3 ▶ 283쪽

129

		4	1	9	7		3	
		7	2				4	
				6			9	
4					6	5		
				7				
		6	3					2
	3			2				
	1				8	4		
	4		6	3	1	8		

힌트1 ▶ 275쪽
힌트2 ▶ 279쪽
힌트3 ▶ 283쪽

130

5			3			6		
	6			2	7			
	2		9				7	4
2					1			
	7						4	
			6					9
3	9				5		2	
			1	9			6	
		1			3			8

힌트 1 ▶ 275쪽
힌트 2 ▶ 279쪽
힌트 3 ▶ 283쪽

131

6				7			8	
1		5	9		8			
					2	9	1	
3		4			1			
5		7				8		2
			7			1		4
	9	3	8					
			2		9	3		7
	5			1				8

힌트 1 ▶ 275쪽
힌트 2 ▶ 279쪽
힌트 3 ▶ 283쪽

132

	4	5			2	3		
	3							
9		1	3					
6				1				7
3			7		5			9
1				4				5
					7	5		4
							2	
		2	6			8	9	

힌트 1 ▶ 275쪽
힌트 2 ▶ 279쪽
힌트 3 ▶ 283쪽

133

8		5	6			9		
7	9		8					
		2					1	
9				2				
	2	1		7		8	9	
				5				4
	6					5		
					5		7	1
		3			1	4		6

힌트 1 ▶ 276쪽
힌트 2 ▶ 279쪽
힌트 3 ▶ 283쪽

134

					8	4		
						6	2	
6			9		7	8		
9	3						4	
	8	4				5	7	
	5						3	2
		8	6		3			4
	6	3						
		2	1					

 힌트 1 ▶ 276쪽
힌트 2 ▶ 279쪽
힌트 3 ▶ 283쪽

135

1			3					8
	6			7			2	
	8	4		6				
		6	2			4		
5								6
		7			4	5		
				9		1	6	
	7			3			4	
6					1			5

 힌트 1 276쪽
힌트 2 279쪽
힌트 3 283쪽

136

	5							
	8			3	1			6
1	4				9	3	2	
2					6		4	
	7		3					2
	2	8	6				7	3
4			5	9			6	
							9	

힌트 1 ▶ 276쪽
힌트 2 ▶ 279쪽
힌트 3 ▶ 283쪽

137

				8		1		3
		1			9	8		
3	8				4		9	
				2				8
4			9		8			6
2				7				
	1		8				5	9
		4	1			6		
9		2		4				

힌트1 276쪽
힌트2 279쪽
힌트3 283쪽

138

		5			1		2	
8		2		4				
1	3							8
5	8		1					
		9	4	2	5	3		
					8		1	6
4							3	9
				1		8		4
	5		9			7		

힌트1 ▶ 276쪽
힌트2 ▶ 279쪽
힌트3 ▶ 283쪽

139

6			9	1			4	7
		4			2			
9				5			6	
		7	2	6				9
2				4	9	5		
	5			2				1
			1			4		
1	8			3	7			5

힌트 1 ▶ 276쪽
힌트 2 ▶ 279쪽
힌트 3 ▶ 283쪽

140

					5			2
	2	4				3	9	
			2			7	8	
	5			9			7	
4		7		5		2		3
	1			2			5	
	8	6			2			
	4	2				9	3	
5			7					

 276쪽
 279쪽
힌트 3 283쪽

141

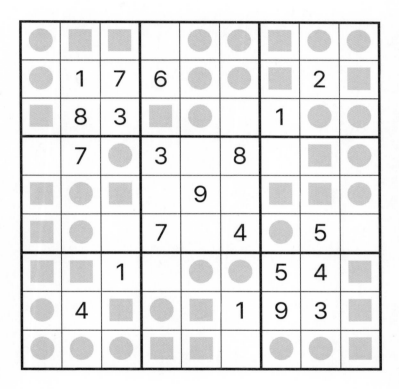

힌트1 ▶ 276쪽
힌트2 ▶ 279쪽
힌트3 ▶ 283쪽

**홀짝 스도쿠
(141~144번)**
풀이법 24쪽 참고

142

2	■			6	1	●		3
●	●	●	■	3	●	2	4	
	●	●	■	4			8	●
	■	■		■	8		●	9
9	5	2	●	7	■	8	1	4
8	●		9	●		■	■	
●	8			1	●	●	■	
	2	7	■	8	●	●	●	●
3		■	5	9			●	8

힌트1 ▶ 276쪽
힌트2 ▶ 279쪽
힌트3 ▶ 283쪽

143

4		■	●	●	5	6		●
	●	■		4	●		8	
●	●	7		■	9	4		5
■				●	7	2	●	1
●	7	●	■	5	■	●	4	■
2	●	5	4	●				●
6		1	7	●		5	●	■
	4		●	8		●	●	
●		3	5	■	■	■		4

힌트 1 ▶ 276쪽
힌트 2 ▶ 279쪽
힌트 3 ▶ 283쪽

144

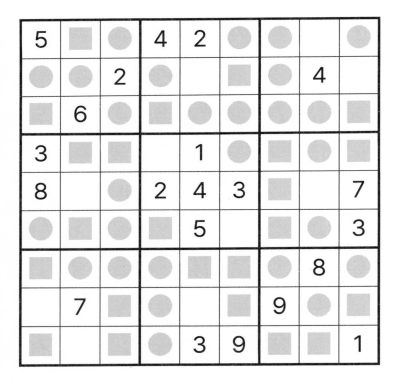

힌트 1 ▶ 276쪽
힌트 2 ▶ 279쪽
힌트 3 ▶ 283쪽

145

		5			9	7	3	
		8			6			
	7						8	9
	2			7	8			
5		3				1		7
			1	3			2	
8	9						7	
			3			6		
	5	6	8			4		

힌트 1 ▶ 276쪽
힌트 2 ▶ 279쪽
힌트 3 ▶ 283쪽

146

		1					2	
6							7	5
	4		3		6		8	
	1		5					
			8	2	9			
					4		9	
	8		7		3		4	
5	7							3
	6					2		

힌트 1 ▶ 276쪽
힌트 2 ▶ 279쪽
힌트 3 ▶ 283쪽

147

1	5				8			
2			4	1				
		8		9	6			
		5					4	7
		2		6		5		
4	7					1		
			6	5		7		
				3	1			5
			9				2	3

힌트1 ▶ 276쪽
힌트 2 ▶ 279쪽
힌트 3 ▶ 283쪽

148

9	1				5	6		
	5			8				
	3	8	7	6				
						7		6
		1	8	4	6	2		
6		3						
				1	8	3	9	
				5			6	
		9	4				2	5

힌트1 ▶ 276쪽

힌트2 ▶ 279쪽

힌트3 ▶ 283쪽

149

	2		5	8			7	
1		5	2					
		3		1			6	
		1						
	5	2				4	9	
						3		
	3			4		2		
					5	9		3
	9			6	8		5	

힌트 1 ▶ 276쪽
힌트 2 ▶ 279쪽
힌트 3 ▶ 283쪽

150

1		4						7
	3						9	4
			6		7			
3	2	9			1			
			7	8	2			
			9			1	5	2
			8		4			
7	8						4	
9						3		6

힌트 1 276쪽
힌트 2 279쪽
힌트 3 283쪽

151

				4		3		
		9	2		8			5
4	1		6					
		2			4	8	3	
	3	1	5			9		
					5		9	3
2			8		7	1		
		6		2				

힌트 1 ▶ 276쪽
힌트 2 ▶ 279쪽
힌트 3 ▶ 283쪽

152

		3		6				9
7	2				8			
	1	6	9	3				
		7		8				2
			4		7			
3				9		7		
				1	4	8	9	
		8					4	7
6				7		2		

힌트 1 ▶ 276쪽
힌트 2 ▶ 279쪽
힌트 3 ▶ 283쪽

153

	5		2			6		
				8		3	7	
	2	8			7		9	
	8		9			4		
	1						5	
		7			6		8	
	6		1			8	3	
	3	9		4				
		1			8		4	

 힌트 1 ▶ 276쪽
 힌트 2 ▶ 279쪽
힌트 3 ▶ 283쪽

154

		4		9				
		1	6	3			4	
6		9	1					
								6
		5	3	7	2	1		
7								
					3	9		1
	8			4	5	7		
				6		3		

힌트 1 ▶ 276쪽
힌트 2 ▶ 279쪽
힌트 3 ▶ 283쪽

155

8			5				7	
				7	4			6
		7			6	5		
5			7			6	1	
	4			6			5	
	6	1			9			3
		3	9			4		
2			6	8				
	7				5			9

힌트 1 ▶ 276쪽
힌트 2 ▶ 279쪽
힌트 3 ▶ 283쪽

중심점 스도쿠
(155~158번)
풀이법 25쪽 참고

156

	7		8					5
8		9			1		2	
	6				9	8		
1			6		7	5	4	
	4	3	1		5			6
		4	9				8	
	8		3			6		4
6					8		1	

힌트1 276쪽
힌트2 279쪽
힌트3 283쪽

157

			9	4		8		2
		4			5			
	8	5		2				4
4							9	
1		2		7		4		8
	7							5
7				1		9	4	
			3			5		
5		1		6	2			

 힌트 1 ▶ 276쪽
힌트 2 ▶ 280쪽
힌트 3 ▶ 283쪽

158

3					9			4
		1	3		4		2	
	4	8			2	3		
	9					6	3	8
				9				
1	2	6					7	
		9	2			7	8	
	1		8		6	4		
4			9					1

힌트 1 ▶ 276쪽
힌트 2 ▶ 280쪽
힌트 3 ▶ 283쪽

159

							4	
8			6				3	9
3				2	1	5		
		9			6			1
		6		7		4		
2			5			8		
		5	8	9				4
9	4				2			3
	2							

힌트1 ▶ 276쪽
힌트2 ▶ 280쪽
힌트3 ▶ 283쪽

160

				5	7	1	4	
1							7	3
					2	5		
	5			9		8		
			6		1			
		4		2			6	
		1	2					
3	6							8
	8	7	4	6				

 힌트 1 ▶ 276쪽
 힌트 2 ▶ 280쪽
 힌트 3 ▶ 283쪽

161

	5				4		8	6
7		3			5	9		
			2					
	6				2			
	2			3			9	
			4				3	
					6			
		5	9			7		4
9	4		1				6	

힌트 1 ▶ 276쪽
힌트 2 ▶ 280쪽
힌트 3 ▶ 283쪽

162

		7	9				2	3
3	5		4					
				8		1		
			5	4			9	
		2				4		
	9			6	3			
		8		2				
					8		4	6
1	4				9	2		

힌트1 276쪽
힌트2 280쪽
힌트3 283쪽

163

8		3						7
7	2			4			3	
		9			7	4		
			4					1
	7		3		9		4	
4					6			
		8	1			9		
	3			8			1	4
9						2		5

 힌트 1 ▶ 276쪽
힌트 2 ▶ 280쪽
힌트 3 ▶ 283쪽

164

5					2			6
2		8	7			4		
		6		5		9		
8		2	9		5		4	
3								8
	6		8		1	5		7
		5		7		2		
		3			4	8		5
1			5					9

힌트 1 ▶ 276쪽
힌트 2 ▶ 280쪽
힌트 3 ▶ 283쪽

165

6				9			4	
		5						3
		3	7	1	2			
	5			3	8			
8		1				3		9
			1	2			5	
			2	8	6	4		
4						2		
	3			4				6

힌트1 276쪽
힌트2 280쪽
힌트3 283쪽

166

1	5			9		3	7	
		6			8			
			1					
		3				4	1	
2	7						9	3
	4	5				8		
					3			
			4			2		
	3	7		5			4	6

힌트 1 ▶ 276쪽
힌트 2 ▶ 280쪽
힌트 3 ▶ 283쪽

167

1	3							5
4	2				1			
			6					4
		4	7		8			
	8		1		2		6	
			3		5	9		
8					3			
			2				9	6
9							8	1

 힌트1 276쪽
 힌트2 280쪽
힌트3 283쪽

168

							5	
3		9						
2				7	3		8	
		8		4	9		3	7
	4	7		8		6	9	
9	3		7	5		4		
	9		4	6				1
						3		4
	6							

힌트1 ▶ 276쪽
힌트2 ▶ 280쪽
힌트3 ▶ 283쪽

169

	F		7			E	5						B		G	
C	G			B				E			4	1		F	8	A
					2	1	F			3	B			5	
4				G				7	C		6	E			2
	E		2		F		A	1			8	3	6	C	
			8	7	3		B						9	E	
F		1			B		2					G			
3		B		1		G		6		2	9	D	8	A	
	2	4	3	F	G		7		6			C		E		9
			8					G		9				3		C
	5	G				3			E	D	A				
	D	C	E	2			6	4		F			5		B	
6			9	7		1	B					5				8
	4			A	2		9	C	1						
5	1	7		3	6		F					E			4	D
	3		F					9	7				1		6	

힌트 1 ▶ 276쪽
힌트 2 ▶ 280쪽
힌트 3 ▶ 283쪽

**16×16 스도쿠
(169~172번)**
풀이법 25쪽 참고

170

9		D		G		A	5	8		1			3		4
	8			B	F						3			C	
5				6		9	3		2		4		G		B
				8			E	B				9			
4	D	7	E	A						G	1		9	3	
	C				4	5	9	A			2				E
6		5			8	E							B		
8		3	A		B		D	6		E		C			5
A			8		E		B	9		2		7	4		3
		4						6	5			C			9
D				1		F	4	G	7				B		
	2	6		9	7					B	8	D	5	F	
			C			8	2			6					
E		8		2		1		7	F		G				C
	7			C					8	5			1		
3		F			6		7	1	A		9		8		2

힌트1 276쪽
힌트 2 280쪽
힌트 3 283쪽

171

6			4		7		3		F						A
	B			2	G		8	A		C		F		4	
					5		3				4		8		
3				D				B		4				7	
	7		F	E		C			D	3	A	2			
4	6				8		2	5			1			E	
		1		5				7	E		6	3			9
8	3				6		A	9	G	2			F	5	
	A	7			2	D	G	E		6				F	5
9			5	1		6	F				G		A		
	G			3			7	C		D				2	1
			D	9	5	4			7			F	8		G
	1			F		E						8			2
		2					1		6						
	E		6		9		5	D		G	3			B	
D						7		B		5		E			3

힌트 1 ▶ 276쪽

힌트 2 ▶ 280쪽

힌트 3 ▶ 283쪽

172

	C		7		E	3	2			8		1	G	A	
1	2	A				7				5	E	F			
B		6		A	G		4			1	2		C		E
		E				D	C	6		A			2		3
	8		C	4	D	A		3				9		6	
F		4	E								G	B			
			C		E	8					F		1		
		D	9	B		F	8		A	6					5
2	D		F	7	6	C	G			3					
9			5	2			E			1	A		D		
3		1		8	4						G	5			
			D		F		2			C			8	9	
4	G		8					5		B	E	3	F		
	6	7			D		G								
E		3				5							B	7	
			3			4		E	7	8		G			

힌트1 ▶ 276쪽
힌트2 ▶ 280쪽
힌트3 ▶ 283쪽

173

8			7	1		9		5
5		4	9					
		1				6		
	8		6		7			9
3			2		4		6	
		3				7		
					9	1		6
1		2		7	8			3

 힌트 1 276쪽
 힌트 2 280쪽
 힌트 3 283쪽

207

174

				1	4		2	8
	1	3	8			5		
				5		7		
	7	1	6					
					3	2	6	
		7		8				
		6			5	4	9	
1	4		9	6				

 힌트 1 ▶ 276쪽
 힌트 2 ▶ 280쪽
 힌트 3 ▶ 283쪽

175

			9		4	1		6
	7		3	1				
4								
	3	1			2	8		
7								2
		2	4			7	9	
								5
				3	7		2	
8		3	1		6			

힌트 1 ▶ 276쪽
힌트 2 ▶ 280쪽
힌트 3 ▶ 283쪽

176

9	1	3						
	5			9		4	3	
		7	3		5			
		8		4				
	4		8		7		5	
				6		9		
			4		2	3		
	3	5		7			9	
						1	2	5

힌트 1 ▶ 276쪽
힌트 2 ▶ 280쪽
힌트 3 ▶ 283쪽

177

4					1	3		
	2							5
			6			4		8
	3	4	5	2				
	1						2	
				9	4	5	3	
1		5			6			
3							5	
		2	9					1

힌트1 ▶ 276쪽
힌트2 ▶ 280쪽
힌트3 ▶ 283쪽

178

1	2		9					4
							9	
	9	3				2		1
				9	8	5		
	6		4		1		2	
		2	6	7				
2		8				4	7	
	3							
4					9		1	5

힌트 1 ▶ 276쪽
힌트 2 ▶ 280쪽
힌트 3 ▶ 283쪽

179

				2				
7						1		6
	2		6		1		5	
9	3				2			
	7			9			1	
			7				3	5
	6		4		3		7	
8		4						2
				8				

 276쪽
 280쪽
 283쪽

180

9			6					7
	4	8						
		6		1			5	
		1	3	4		2		
	9						3	
		4		8	7	5		
	8			3		1		
						9	7	
4					6			3

힌트1 276쪽
힌트2 280쪽
힌트3 283쪽

181

	4	9	1					
			6			8		
				5			6	7
	3	6					4	
1	8						7	6
	7					3	5	
5	9			2				
		8			6			
					9	7	3	

힌트 1 ▶ 276쪽
힌트 2 ▶ 280쪽
힌트 3 ▶ 284쪽

182

					3	6		
	9		7	1			8	
		4					1	3
2	1			3	8		6	7
				6				
6	4		9	7			5	1
4	8					1		
	7			9	5		2	
		2	1					

힌트 1 ▶ 276쪽
힌트 2 ▶ 280쪽
힌트 3 ▶ 284쪽

183

5			6		9			
	6							
		4			5	3		
9						7		4
2		8						6
		5	7			6		
							2	
			5		8			1

힌트 1 ▶ 276쪽
힌트 2 ▶ 280쪽
힌트 3 ▶ 284쪽

불연속 스도쿠
(183~186번)
풀이법 25쪽 참고

184

					3			6
		2			6		5	
	1	5						
			6				4	8
				8				
4	8				1			
						8	3	
	9		7			2		
8			1					

힌트 1 ▶ 276쪽
힌트 2 ▶ 280쪽
힌트 3 ▶ 284쪽

185

					7		8	
	1							7
						6		
			7					8
6					2			
		8						
7							4	
	9		5					

힌트1 276쪽
힌트2 280쪽
힌트3 284쪽

186

								7
	5						8	
		3						
		2						
			1					
					8			
				7				
	7						9	
5								

힌트1 ▶ 276쪽
힌트 2 ▶ 280쪽
힌트 3 ▶ 284쪽

SPECIAL STAGE

다양한 변형 스도쿠를 풀 수 있는 장입니다.
크롭키 스도쿠, 킬러 스도쿠, 부등호 스도쿠,
체인 스도쿠, 스카이스크래퍼 스도쿠를 포함해 변형 스도쿠
2~3가지를 결합한 새로운 유형도 만나볼 수 있습니다.

187

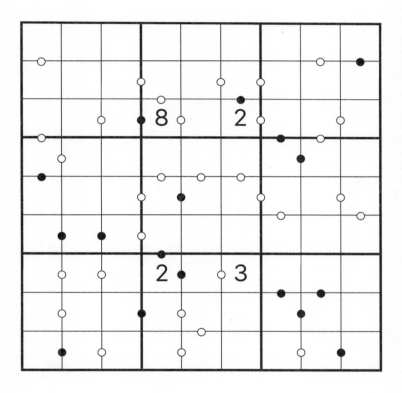

힌트 1 ▶ 276쪽
힌트 2 ▶ 280쪽
힌트 3 ▶ 284쪽

크롭키 스도쿠
(187~194번)
풀이법 25쪽 참고

188

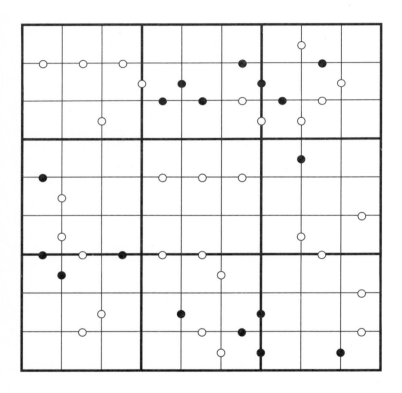

힌트 1 ▶ 276쪽

힌트 2 ▶ 280쪽

힌트 3 ▶ 284쪽

189

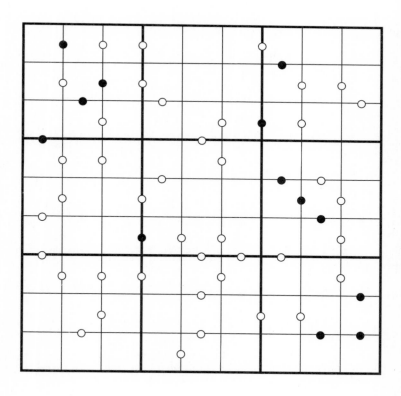

힌트 1 ▶ 276쪽
힌트 2 ▶ 280쪽
힌트 3 ▶ 284쪽

190

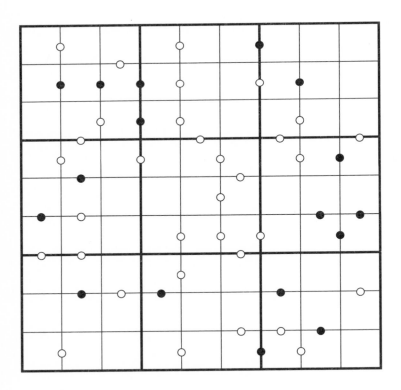

힌트 1 ▶ 276쪽
힌트 2 ▶ 280쪽
힌트 3 ▶ 284쪽

191

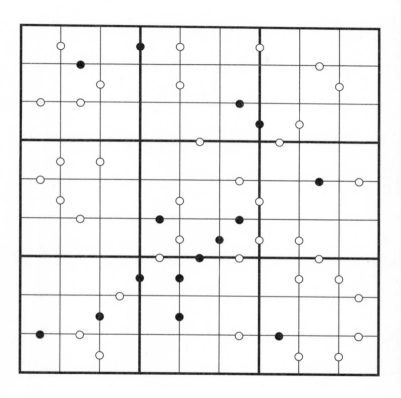

힌트 1 ▶ 276쪽
힌트 2 ▶ 280쪽
힌트 3 ▶ 284쪽

192

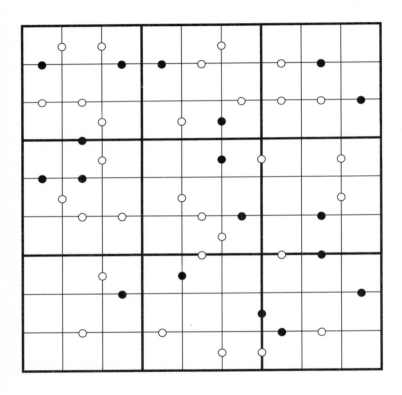

힌트 1 ▶ 276쪽
힌트 2 ▶ 280쪽
힌트 3 ▶ 284쪽

193

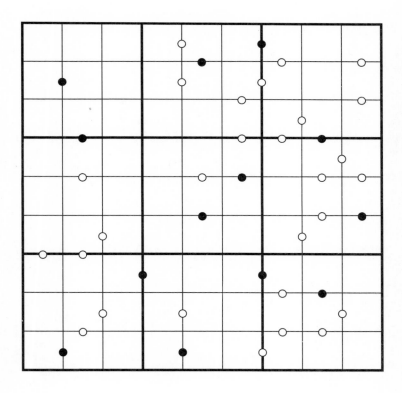

힌트1 276쪽

힌트2 280쪽

힌트3 284쪽

194

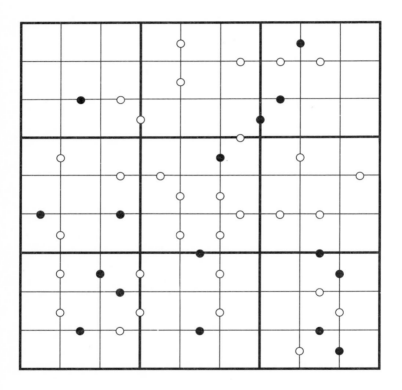

힌트 1 ▶ 276쪽
힌트 2 ▶ 280쪽
힌트 3 ▶ 284쪽

195

13	13	8		3	17			13
		7	15		7	11		
15				15		13		
		11			20		4	
31			5	12		28	6	
10								
	8	8	15	14		16		
13					10			13
		13		5		13		

힌트1 ▶ 276쪽
힌트2 ▶ 280쪽
힌트3 ▶ 284쪽

킬러 스도쿠
(195~202번)
풀이법 26쪽 참고

196

힌트 1 ▷ 276쪽
힌트 2 ▷ 280쪽
힌트 3 ▷ 284쪽

197

25		19	12		12	11	14	
10			9				12	
			11		6			13
8			4		14	16		
8		11		23			16	
10	15		14			9		
	10	8			15		9	
						12		11
19				19				

힌트 1 ▶ 276쪽
힌트 2 ▶ 280쪽
힌트 3 ▶ 284쪽

198

10		18	15		11		13	
8				20			17	
	21		13		7	12		
		25					17	10
5				21				
21			23			12	16	
	14	18						
				12		10		17
8			11					

힌트 1 ▷ 276쪽
힌트 2 ▷ 280쪽
힌트 3 ▷ 284쪽

199

8	10		9			19	15	
	18	18		13				
			21		6	8		12
15				10		9		
5		20				16		10
19			22	13		8		
		19			16			31
11	6					7		
			11					

힌트1 ▶ 276쪽
힌트2 ▶ 280쪽
힌트3 ▶ 284쪽

200

15	21				7	10		17
	17	10				18		
		15	10		18			
31			9			13	14	
			14				11	
			15	17	11	13		
14							12	
		19		7	10		6	
11					10		10	

힌트 1 ▶ 276쪽
힌트 2 ▶ 280쪽
힌트 3 ▶ 284쪽

201

14			14		16			14
14	19	14		6				
		10		20	3	17		7
15						18		
		20			27		3	15
7				12		6		
19			8				18	
	17			11		13		
		15				13		

힌트1 ▶ 276쪽
힌트2 ▶ 280쪽
힌트3 ▶ 284쪽

202

힌트 1 ▶ 277쪽
힌트 2 ▶ 280쪽
힌트 3 ▶ 284쪽

203

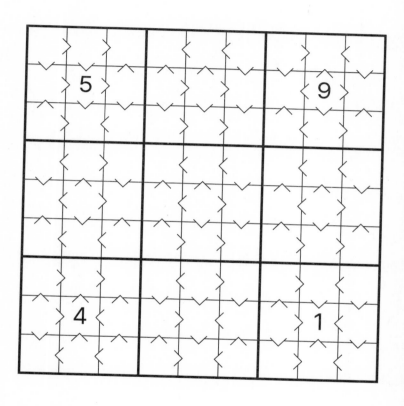

힌트1 277쪽
힌트2 280쪽
힌트3 284쪽

부등호 스도쿠
(203~210번)
풀이법 26쪽 참고

204

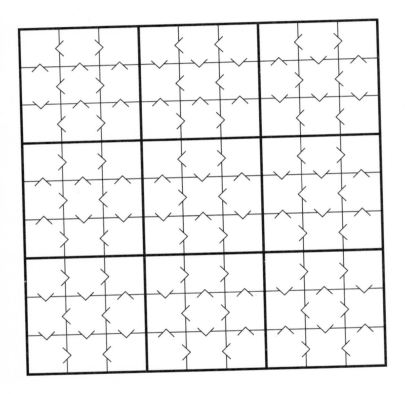

힌트 1 ▶ 277쪽
힌트 2 ▶ 280쪽
힌트 3 ▶ 284쪽

205

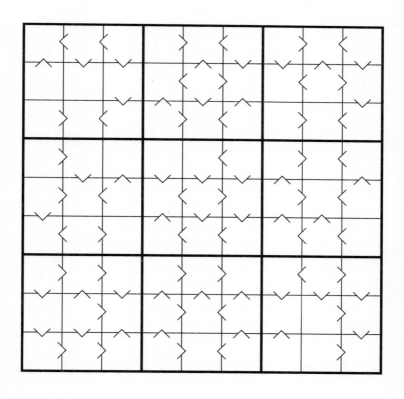

힌트1 277쪽
힌트2 280쪽
힌트3 284쪽

206

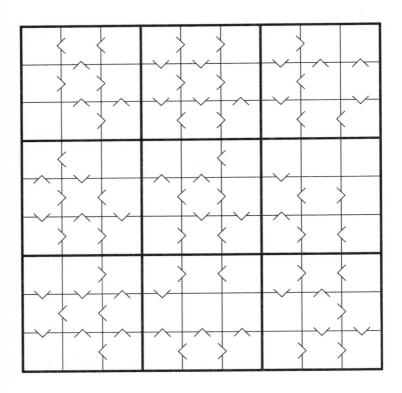

힌트 1 ▶ 277쪽
힌트 2 ▶ 280쪽
힌트 3 ▶ 284쪽

207

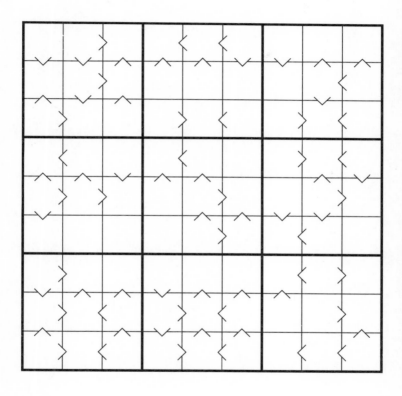

힌트 1 ▶ 277쪽
힌트 2 ▶ 280쪽
힌트 3 ▶ 284쪽

208

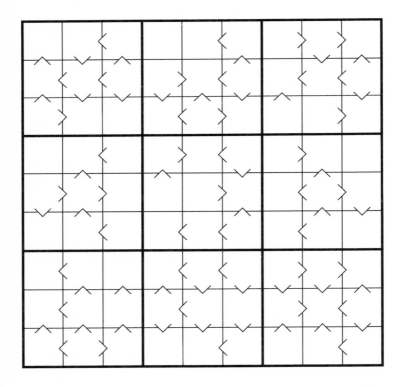

힌트 1 ▶ 277쪽
힌트 2 ▶ 280쪽
힌트 3 ▶ 284쪽

209

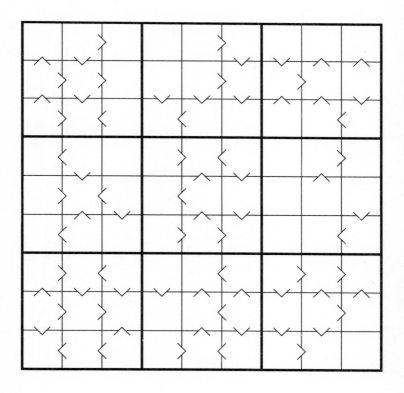

힌트 1 ▶ 277쪽
힌트 2 ▶ 280쪽
힌트 3 ▶ 284쪽

210

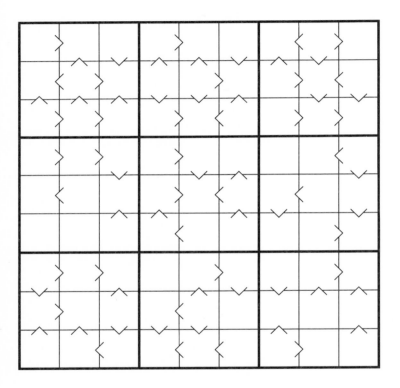

힌트1 ▶ 277쪽
힌트2 ▶ 280쪽
힌트3 ▶ 284쪽

211

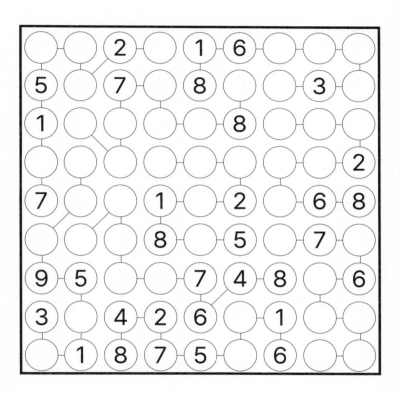

힌트 1 ▶ 277쪽
힌트 2 ▶ 280쪽
힌트 3 ▶ 284쪽

체인 스도쿠
(211~218번)
풀이법 27쪽 참고

212

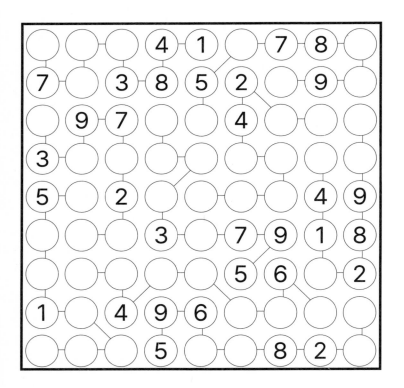

힌트 1 ▶ 277쪽
힌트 2 ▶ 280쪽
힌트 3 ▶ 284쪽

213

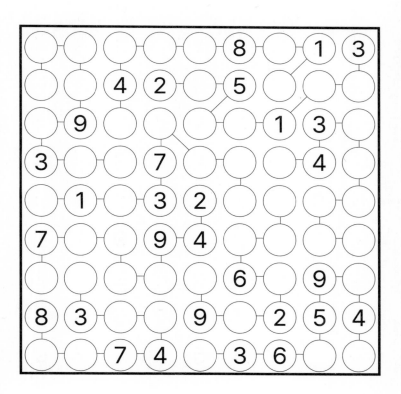

힌트 1 277쪽
힌트 2 280쪽
힌트 3 284쪽

214

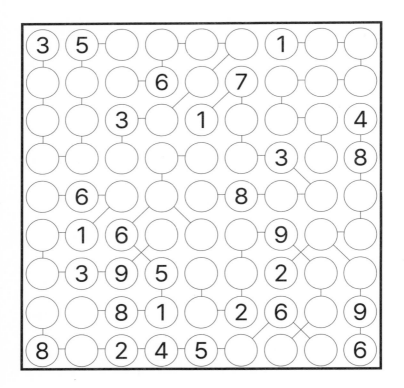

힌트 1 ▶ 277쪽
힌트 2 ▶ 280쪽
힌트 3 ▶ 284쪽

215

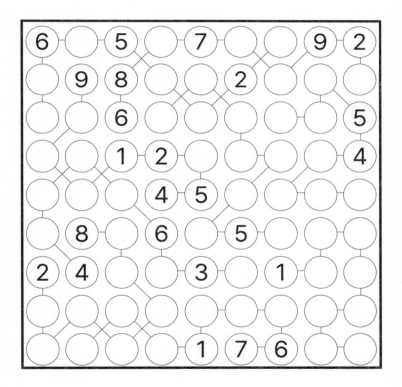

힌트1 277쪽
힌트2 280쪽
힌트3 284쪽

216

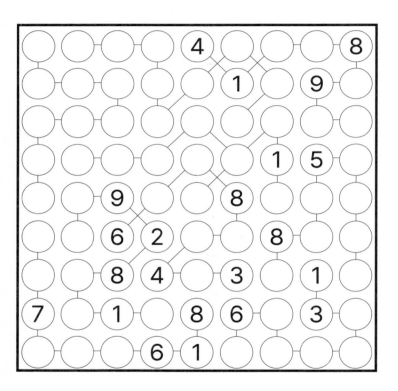

힌트1 ▶ 277쪽
힌트2 ▶ 280쪽
힌트3 ▶ 284쪽

217

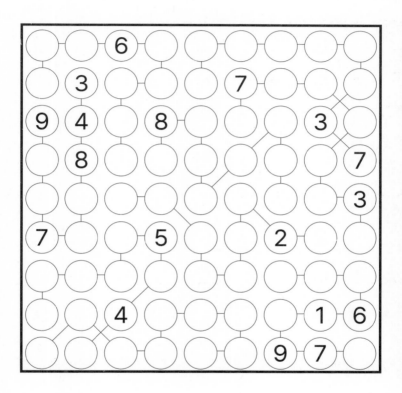

힌트 1 ▶ 277쪽
힌트 2 ▶ 280쪽
힌트 3 ▶ 284쪽

218

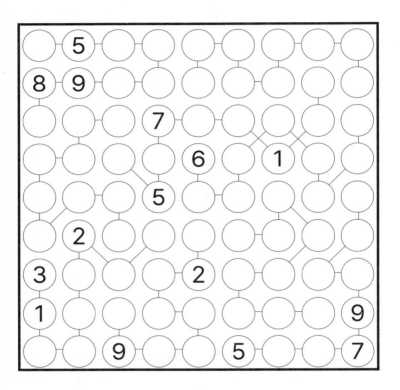

힌트1 277쪽
힌트2 280쪽
힌트3 284쪽

219

	4	2	3	1	3	4	2	2	5	
3	3						7			3
3		1			2	3		9		2
2							3		5	3
2						2		4		3
3		4			9			3		2
1		3		1						4
3	5		9							3
5		2		8	3			5		2
3			3						9	1
	3	2	3	3	3	2	4	3	1	

힌트 1 ▶ 277쪽
힌트 2 ▶ 280쪽
힌트 3 ▶ 284쪽

스카이스크래퍼 스도쿠
(219 ~ 226번)
풀이법 27쪽 참고

220

힌트1 ▶ 277쪽
힌트2 ▶ 280쪽
힌트3 ▶ 284쪽

	1	4	3	2	4	3	4	3	2	
1		4					5		8	2
3	6		8	9	5					3
5		5							1	2
4		7		8		9				2
2		9			4			1		3
2				5		1		6		1
2	4							8		3
3					9	7	1		6	3
3	7		1					5		3
	3	3	3	5	2	3	1	3	4	

221

	3	5	2	2	3	1	3	4	2	
5	2						7		3	3
2			3					6		1
1		7	1						4	3
3				2		4				2
4										2
3				5		8				4
3	7						9	2		2
2		9					6			5
3	3		5						8	2
	4	2	3	1	3	5	3	2	2	

힌트 1 ▶ 277쪽
힌트 2 ▶ 280쪽
힌트 3 ▶ 284쪽

222

	3	4	2	4	3	2	4	4	1	
3	6			3		7				1
3			9	6						4
2		2				9				3
5	3	6				2	9		4	2
3					6					3
1	9		5	7				6	3	5
2				2				9		2
3						6	7			2
2				4		8			1	5
	3	1	4	4	2	2	3	2	3	

 힌트 1 ▶ 277쪽
힌트 2 ▶ 280쪽
힌트 3 ▶ 284쪽

223

	3	2	4	2	5	4	4	3	1	
4	6									1
2		9	4							3
2		5				7	6			5
3					6		2			2
1				7	1	2				4
4			6		8					2
3			7	2				3		2
3							1	2		3
3									8	2
	3	4	2	3	1	3	2	2	2	

힌트 1 ▶ 277쪽
힌트 2 ▶ 280쪽
힌트 3 ▶ 284쪽

224

	3	2	3	3	1	4	3	5	2	
2		4				2			8	2
3	5						7			1
2				4				6		4
3			4	9					5	3
4					3					2
1	9					1	4			3
3		8				9				4
2			9						2	4
5	2			6				9		2
	3	3	2	4	7	2	3	1	4	

힌트 1 277쪽
힌트 2 280쪽
힌트 3 284쪽

225

	4	2	4	3	3	1	2	4	4	
3								4		3
3		1							7	2
2			7				3			3
1				7						4
4					3					4
6						1				2
5			6				2			3
2	7							1		3
2		3								1
	2	4	2	4	3	4	3	2	1	

힌트1 ▶ 277쪽
힌트2 ▶ 280쪽
힌트3 ▶ 284쪽

226

	2	2	4	3	3	2	3	1	4	
3	4				6					2
4			3					5		4
1		1					6			2
3				2						2
2	7				4				3	3
2						1				3
4			8					3		1
3		7					4			4
2					2				7	3
	3	3	1	3	2	3	5	2	2	

힌트 1 277쪽
힌트 2 281쪽
힌트 3 284쪽

227

					8	7		
							6	
		3	6					9
		9	1		3			2
				9				
3			4		7	1		
4					6	2		
	7							
		8	7					

힌트1 ▶ 277쪽
힌트2 ▶ 281쪽
힌트3 ▶ 284쪽

대각선 + 중심점 + 창문 스도쿠
(227~230번)
풀이법 27쪽 참고

228

							9	3
	9						8	2
		8			9	4		
					7	3		
		4	6					
		1	8			2		
4	2						7	
9	8							

힌트1 ▶ 277쪽
힌트2 ▶ 281쪽
힌트3 ▶ 284쪽

229

							4	
					8			9
		3			4	2		
						3	7	
				7				
	7	9						
		8	5			4		
5			1					
	4							

힌트1 ▶ 277쪽
힌트2 ▶ 281쪽
힌트3 ▶ 284쪽

230

		6		9				
	1					2		
9			6				7	
		4						
5								8
						4		
	9				7			2
		3					8	
				1		9		

힌트 1 ▶ 277쪽
힌트 2 ▶ 281쪽
힌트 3 ▶ 284쪽

231

힌트 1 ▶ 277쪽
힌트 2 ▶ 281쪽
힌트 3 ▶ 284쪽

버터플라이 스도쿠
(231~232번)
풀이법 27쪽 참고

8		7	6				9				3
				2						1	
2											
7											
				3		8					2
	4			7	9	6					
				4	1	2			7		
1				8		9					
											5
											3
	9					3					
2				9				5	2		6

232

			1		2			6
	7	3						
			6			1		
	1			4		7		
7			9		1			5
	2			9		5		
		2		4			7	
2		7			4			2
		1		9			6	
	6			3				
						8	2	
4			2		5			

힌트 1 ▶ 277쪽
힌트 2 ▶ 281쪽
힌트 3 ▶ 284쪽

233

힌트 1 ▶ 277쪽
힌트 2 ▶ 281쪽
힌트 3 ▶ 284쪽

직소 투도쿠
(233~236번)
풀이법 27쪽 참고

234

							2							
		8				1								
			9	4										
9		7				6								
2		5		3	9									
					4	1			6					
1		9	4					9		2	5			
			7		9				8			1		
				1	5	6			4					
			9	5					1					
			4											
			7		5			8						
									1					
					8	5		9						

힌트 1 ▶ 277쪽

힌트 2 ▶ 281쪽

힌트 3 ▶ 284쪽

235

힌트1 ▶ 277쪽
힌트2 ▶ 281쪽
힌트3 ▶ 284쪽

236

							9	2					
		4		8									
						1							
			2			9							
		1			8								
	7		8		2		3						
						4	6	8					
								2		7			
			5						8				
											6		
					1				7				
										3			
				9		1			2		3		

힌트 1 ▶ 277쪽
힌트 2 ▶ 281쪽
힌트 3 ▶ 284쪽

HINT

스도쿠를 풀다가 막히면 여기에서 힌트를 얻을 수 있습니다.
각 문제마다 특정 칸의 값을 알려주는 힌트가 총 세 단계에 걸쳐 제시되어 있습니다.
예를 들어 '5 (3행 4열)'는 세 번째 가로줄과 네 번째
세로줄에 있는 칸에 들어가는 값이 5라는 뜻입니다.

힌트 1단계

001. 2(9행 6열)

002. 2(9행 4열)

003. 9(7행 4열)

004. 5(5행 3열)

005. 9(9행 8열)

006. 9(9행 8열)

007. 3(8행 2열)

008. 3(9행 5열)

009. 7(1행 3열)

010. 1(7행 4열)

011. 2(9행 9열)

012. 9(5행 5열)

013. 1(1행 4열)

014. 2(1행 3열)

015. 8(8행 8열)

016. 9(2행 6열)

017. 5(2행 2열)

018. 8(3행 8열)

019. 5(4행 3열)

020. 4(2행 6열)

021. 9(4행 2열)

022. 9(2행 2열)

023. 4(7행 1열)

024. 1(8행 4열)

025. 7(6행 1열)

026. 3(3행 3열)

027. 9(4행 4열)

028. 9(7행 3열)

029. 5(7행 5열)

030. 2(9행 4열)

031. 3(7행 4열)

032. 1(6행 3열)

033. 7(9행 3열)

034. 7(1행 6열)

035. 8(6행 2열)

036. 4(1행 4열)

037. 7(3행 8열)

038. 2(5행 4열)

039. 8(3행 4열)

040. 2(3행 8열)

041. 6(8행 6열)

042. 1(7행 3열)

043. 7(2행 1열)

044. 7(9행 8열)

045. 5(5행 4열)

046. 8(1행 6열)

047. 7(5행 3열)

048. 7(2행 2열)

049. 2(6행 6열)

050. 7(9행 8열)

051. 8(8행 2열)

052. 6(5행 4열)

053. 4(8행 4열)

054. 4(5행 7열)

055. 4(7행 1열)

056. 7(7행 7열)

057. 5(9행 4열)

058. 2(2행 8열)

059. 3(4행 4열)

060. 4(6행 3열)

061. 3(6행 8열)

062. 8(1행 7열)

063. 9(6행 3열)

064. 3(4행 9열)	**087.** 6(8행 5열)	**110.** 3(9행 4열)
065. 7(9행 8열)	**088.** 7(5행 8열)	**111.** 1(7행 3열)
066. 3(3행 4열)	**089.** 2(6행 1열)	**112.** 7(5행 1열)
067. 6(7행 3열)	**090.** 9(7행 1열)	**113.** 7(1행 5열)
068. 4(1행 9열)	**091.** 4(4행 3열)	**114.** 8(5행 3열)
069. 5(6행 2열)	**092.** 9(8행 8열)	**115.** 6(5행 4열)
070. 3(2행 2열)	**093.** 8(9행 5열)	**116.** 7(3행 6열)
071. 3(1행 1열)	**094.** 4(3행 1열)	**117.** 9(9행 9열)
072. 3(7행 3열)	**095.** 2(6행 2열)	**118.** 8(8행 1열)
073. 6(5행 9열)	**096.** 1(3행 9열)	**119.** 1(1행 9열)
074. 5(9행 5열)	**097.** 6(3행 8열)	**120.** 1(1행 1열)
075. 7(9행 9열)	**098.** 6(8행 3열)	**121.** 2(6행 9열)
076. 9(15행 15열)	**099.** 7(6행 1열)	**122.** 7(2행 9열)
077. 2(15행 15열)	**100.** 7(6행 9열)	**123.** 8(6행 6열)
078. 5(15행 7열)	**101.** 1(1행 1열)	**124.** 2(7행 7열)
079. 8(9행 2열)	**102.** 7(7행 6열)	**125.** 8(9행 7열)
080. 5(2행 7열)	**103.** 9(9행 6열)	**126.** 5(7행 5열)
081. 7(1행 3열)	**104.** 6(6행 9열)	**127.** 1(9행 1열)
082. 1(6행 6열)	**105.** 5(8행 2열)	**128.** 6(3행 8열)
083. 4(4행 7열)	**106.** 8(8행 2열)	**129.** 7(7행 1열)
084. 4(3행 1열)	**107.** 8(7행 3열)	**130.** 3(5행 5열)
085. 7(2행 8열)	**108.** 9(2행 7열)	**131.** 3(9행 4열)
086. 7(1행 6열)	**109.** 6(7행 8열)	**132.** 1(8행 2열)

133. 7(7행 3열)

134. 1(8행 9열)

135. 8(8행 7열)

136. 3(4행 2열)

137. 5(4행 3열)

138. 6(1행 7열)

139. 3(2행 9열)

140. 4(9행 6열)

141. 8(1행 4열)

142. 5(1행 8열)

143. 1(9행 8열)

144. 1(8행 1열)

145. 5(6행 9열)

146. 1(5행 9열)

147. 4(3행 2열)

148. 8(1행 9열)

149. 8(8행 3열)

150. 5(3행 7열)

151. 6(1행 1열)

152. 9(4행 7열)

153. 4(7행 1열)

154. 7(2행 2열)

155. 1(2행 2열)

156. 2(1행 1열)

157. 3(9행 9열)

158. 6(2행 2열)

159. 9(5행 6열)

160. 7(5행 7열)

161. 2(8행 5열)

162. 1(5행 6열)

163. 8(3행 9열)

164. 1(4행 7열)

165. 1(4행 7열)

166. 9(3행 9열)

167. 5(8행 7열)

168. 5(3행 2열)

169. 5(16행 16열)

170. A(15행 16열)

171. 2(4행 4열)

172. C(16행 16열)

173. 9(7행 1열)

174. 1(3행 8열)

175. 6(7행 2열)

176. 8(3행 7열)

177. 9(5행 3열)

178. 6(7행 5열)

179. 3(1행 9열)

180. 1(2행 8열)

181. 8(1행 6열)

182. 5(3행 5열)

183. 7(1행 9열)

184. 9(1행 1열)

185. 6(5행 5열)

186. 6(5행 2열)

187. 8(6행 1열)

188. 4(2행 4열)

189. 4(2행 2열)

190. 3(3행 4열)

191. 8(5행 6열)

192. 6(5행 5열)

193. 6(5행 5열)

194. 4(7행 3열)

195. 9(3행 1열)

196. 3(4행 1열)

197. 3(3행 9열)

198. 2(7행 9열)

199. 6(4행 4열)

200. 2(9행 4열)

201. 7(1행 6열)

202. 5(9행 6열)	214. 7(9행 7열)	226. 8(4행 5열)
203. 8(5행 5열)	215. 3(9행 9열)	227. 6(1행 1열)
204. 8(2행 2열)	216. 9(1행 1열)	228. 4(2행 5열)
205. 7(2행 4열)	217. 1(1행 9열)	229. 9(8행 8열)
206. 5(2행 5열)	218. 1(1행 9열)	230. 6(5행 5열)
207. 8(5행 5열)	219. 5(6행 7열)	231. 5(5행 5열)
208. 5(7행 8열)	220. 1(2행 2열)	232. 8(4행 4열)
209. 7(6행 5열)	221. 8(8행 5열)	233. 3(8행 8열)
210. 5(2행 2열)	222. 3(8행 2열)	234. 4(1행 1열)
211. 8(1행 1열)	223. 5(2행 5열)	235. 9(5행 5열)
212. 4(9행 9열)	224. 5(5행 3열)	236. 5(8행 8열)
213. 2(1행 1열)	225. 8(2행 5열)	

힌트 2단계

001. 2(8행 9열)	007. 2(1행 6열)	013. 8(7행 2열)
002. 5(4행 5열)	008. 3(1행 1열)	014. 8(9행 2열)
003. 7(2행 9열)	009. 9(1행 4열)	015. 4(5행 8열)
004. 7(2행 1열)	010. 3(6행 4열)	016. 2(6행 2열)
005. 6(1행 6열)	011. 4(3행 9열)	017. 8(8행 9열)
006. 7(4행 9열)	012. 9(6행 3열)	018. 9(5행 9열)

019. 3(6행 7열)

020. 9(9행 6열)

021. 2(1행 9열)

022. 6(5행 7열)

023. 8(5행 2열)

024. 3(8행 8열)

025. 1(7행 7열)

026. 1(4행 7열)

027. 4(9행 9열)

028. 3(1행 7열)

029. 9(9행 9열)

030. 5(6행 4열)

031. 8(3행 9열)

032. 7(2행 9열)

033. 3(2행 5열)

034. 3(8행 3열)

035. 7(3행 6열)

036. 2(5행 6열)

037. 9(9행 9열)

038. 3(3행 5열)

039. 7(9행 2열)

040. 7(2행 7열)

041. 3(8행 2열)

042. 7(5행 6열)

043. 3(7행 2열)

044. 8(1행 5열)

045. 4(2행 8열)

046. 8(6행 9열)

047. 9(5행 6열)

048. 9(9행 4열)

049. 3(1행 3열)

050. 6(7행 6열)

051. 8(1행 1열)

052. 3(3행 6열)

053. 8(2행 6열)

054. 7(4행 6열)

055. 4(9행 7열)

056. 1(2행 4열)

057. 8(5행 9열)

058. 4(5행 4열)

059. 5(9행 3열)

060. 1(6행 8열)

061. 8(9행 2열)

062. 6(5행 9열)

063. 1(3행 5열)

064. 8(5행 2열)

065. 2(5행 2열)

066. 5(7행 7열)

067. 1(6행 7열)

068. 6(5행 1열)

069. 1(3행 9열)

070. 6(2행 7열)

071. 9(9행 3열)

072. 8(5행 7열)

073. 9(7행 2열)

074. 1(9행 6열)

075. 2(15행 12열)

076. 9(1행 1열)

077. 3(9행 1열)

078. 5(9행 15열)

079. 6(5행 4열)

080. 6(6행 4열)

081. 6(2행 9열)

082. 1(4행 3열)

083. 9(8행 9열)

084. 2(7행 7열)

085. 8(7행 2열)

086. 7(9행 4열)

087. 2(2행 3열)

088. 6(2행 9열)	**111.** 9(2행 7열)	**134.** 5(1행 4열)
089. 6(1행 8열)	**112.** 9(4행 2열)	**135.** 9(1행 3열)
090. 3(1행 7열)	**113.** 6(8행 7열)	**136.** 7(3행 9열)
091. 6(1행 1열)	**114.** 5(6행 8열)	**137.** 5(8행 6열)
092. 5(1행 1열)	**115.** 4(2행 4열)	**138.** 5(3행 5열)
093. 4(4행 5열)	**116.** 1(8행 6열)	**139.** 1(5행 6열)
094. 2(2행 5열)	**117.** 5(2행 7열)	**140.** 6(1행 8열)
095. 9(3행 2열)	**118.** 6(6행 4열)	**141.** 1(6행 9열)
096. 9(4행 1열)	**119.** 5(3행 1열)	**142.** 4(6행 6열)
097. 7(9행 4열)	**120.** 9(8행 4열)	**143.** 2(1행 2열)
098. 2(6행 5열)	**121.** 1(9행 3열)	**144.** 6(1행 8열)
099. 8(1행 1열)	**122.** 3(4행 4열)	**145.** 4(7행 5열)
100. 7(1행 7열)	**123.** 2(1행 9열)	**146.** 9(7행 7열)
101. 8(5행 2열)	**124.** 1(2행 6열)	**147.** 7(3행 1열)
102. 6(3행 4열)	**125.** 2(6행 4열)	**148.** 2(2행 1열)
103. 8(6행 9열)	**126.** 2(5행 1열)	**149.** 7(4행 6열)
104. 2(9행 1열)	**127.** 3(6행 3열)	**150.** 5(7행 2열)
105. 6(3행 9열)	**128.** 8(7행 2열)	**151.** 1(1행 8열)
106. 5(7행 7열)	**129.** 2(8행 8열)	**152.** 4(1행 2열)
107. 6(5행 9열)	**130.** 3(6행 8열)	**153.** 1(3행 5열)
108. 9(8행 4열)	**131.** 6(8행 8열)	**154.** 5(3행 5열)
109. 5(4행 6열)	**132.** 7(3행 5열)	**155.** 2(4행 9열)
110. 9(9행 9열)	**133.** 5(5행 1열)	**156.** 9(6행 8열)

157. 6(8행 1열)

158. 8(1행 7열)

159. 5(2행 6열)

160. 8(7행 5열)

161. 9(1행 5열)

162. 8(6행 9열)

163. 2(8행 1열)

164. 9(6행 3열)

165. 3(8행 4열)

166. 8(5행 4열)

167. 1(8행 3열)

168. 2(5행 9열)

169. 2(1행 1열)

170. F(1행 4열)

171. 4(14행 14열)

172. 5(1행 1열)

173. 4(9행 7열)

174. 8(8행 1열)

175. 8(5행 3열)

176. 8(1행 5열)

177. 7(2행 8열)

178. 6(3행 1열)

179. 8(5행 3열)

180. 8(3행 4열)

181. 4(6행 3열)

182. 3(7행 4열)

183. 6(9행 1열)

184. 4(9행 9열)

185. 3(6행 8열)

186. 9(7행 5열)

187. 8(5행 9열)

188. 3(7행 1열)

189. 3(7행 6열)

190. 4(6행 9열)

191. 4(4행 1열)

192. 2(8행 7열)

193. 3(3행 8열)

194. 4(9행 8열)

195. 5(8행 5열)

196. 4(7행 6열)

197. 7(9행 7열)

198. 9(7행 1열)

199. 9(7행 2열)

200. 8(4행 2열)

201. 2(9행 9열)

202. 5(7행 9열)

203. 9(8행 7열)

204. 8(8행 3열)

205. 7(5행 5열)

206. 7(8행 9열)

207. 7(8행 4열)

208. 8(8행 2열)

209. 3(2행 8열)

210. 6(5행 6열)

211. 3(3행 9열)

212. 3(5행 2열)

213. 2(9행 9열)

214. 2(1행 9열)

215. 4(2행 5열)

216. 2(9행 1열)

217. 6(9행 1열)

218. 2(3행 3열)

219. 2(1행 9열)

220. 2(4행 7열)

221. 1(2행 6열)

222. 3(2행 7열)

223. 8(4행 3열)

224. 4(8행 5열)

225. 4(4행 7열)

힌트 3단계

043. 3(6행 1열)

044. 4(8행 6열)

045. 8(9행 2열)

046. 7(6행 5열)

047. 4(7행 1열)

048. 7(7행 7열)

049. 5(7행 1열)

050. 9(1행 6열)

051. 8(2행 7열)

052. 8(7행 6열)

053. 3(8행 9열)

054. 8(8행 1열)

055. 4(5행 2열)

056. 2(3행 6열)

057. 1(1행 1열)

058. 6(3행 7열)

059. 5(5행 5열)

060. 1(7행 9열)

061. 6(1행 9열)

062. 1(8행 4열)

063. 9(4행 5열)

064. 6(1행 1열)

065. 4(3행 8열)

066. 6(1행 2열)

067. 1(9행 8열)

068. 9(9행 4열)

069. 6(7행 5열)

070. 6(8행 4열)

071. 2(4행 8열)

072. 9(3행 4열)

073. 4(3행 7열)

074. 8(4행 1열)

075. 6(1행 1열)

076. 8(7행 13열)

077. 7(4행 8열)

078. 7(1행 9열)

079. 2(1행 1열)

080. 5(1행 4열)

081. 3(2행 1열)

082. 8(6행 1열)

083. 2(2행 1열)

084. 1(6행 3열)

085. 9(6행 4열)

086. 4(4행 3열)

087. 6(7행 7열)

088. 4(1행 4열)

089. 2(7행 9열)

090. 9(9행 8열)

091. 7(9행 9열)

092. 3(2행 4열)

093. 7(5행 3열)

094. 9(8행 8열)

095. 8(4행 8열)

096. 8(9행 4열)

097. 1(7행 2열)

098. 9(1행 3열)

099. 6(6행 4열)

100. 7(9행 3열)

101. 5(6행 8열)

102. 6(6행 7열)

103. 9(5행 4열)

104. 9(1행 6열)

105. 9(9행 8열)

106. 4(1행 9열)

107. 4(2행 2열)

108. 8(8행 7열)

109. 1(2행 7열)

110. 7(6행 7열)

111. 2(6행 9열)

112. 7(9행 5열)	135. 8(5행 8열)	158. 7(4행 1열)
113. 1(9행 6열)	136. 3(9행 3열)	159. 7(3행 9열)
114. 6(7행 2열)	137. 6(6행 4열)	160. 8(5행 3열)
115. 8(8행 3열)	138. 7(3행 8열)	161. 1(7행 1열)
116. 4(3행 3열)	139. 8(3행 3열)	162. 5(9행 3열)
117. 7(7행 4열)	140. 7(7행 9열)	163. 9(4행 8열)
118. 8(3행 9열)	141. 9(7행 4열)	164. 8(9행 6열)
119. 2(7행 9열)	142. 9(7행 3열)	165. 6(3행 8열)
120. 8(9행 9열)	143. 9(4행 4열)	166. 9(7행 4열)
121. 4(3행 2열)	144. 9(4행 4열)	167. 8(2행 7열)
122. 9(7행 3열)	145. 4(1행 1열)	168. 1(8행 4열)
123. 7(2행 3열)	146. 4(2행 5열)	169. F(6행 10열)
124. 9(3행 1열)	147. 9(4행 6열)	170. G(10행 6열)
125. 2(4행 1열)	148. 7(6행 6열)	171. C(4행 16열)
126. 7(5행 6열)	149. 5(4행 9열)	172. 7(6행 10열)
127. 6(5행 6열)	150. 9(8행 6열)	173. 1(7행 4열)
128. 9(3행 4열)	151. 2(5행 9열)	174. 5(5행 4열)
129. 2(9행 1열)	152. 5(6행 8열)	175. 1(7행 1열)
130. 7(4행 4열)	153. 2(6행 1열)	176. 3(5행 9열)
131. 3(3행 5열)	154. 4(6행 4열)	177. 5(3행 2열)
132. 4(8행 4열)	155. 1(7행 9열)	178. 3(5행 5열)
133. 3(7행 8열)	156. 3(4행 9열)	179. 8(1행 4열)
134. 1(1행 8열)	157. 6(3행 7열)	180. 5(2행 1열)

181. 8(6행 9열)	**204.** 9(4행 5열)	**227.** 8(5행 9열)
182. 9(5행 1열)	**205.** 8(8행 8열)	**228.** 5(5행 5열)
183. 9(5행 5열)	**206.** 8(5행 1열)	**229.** 2(1행 5열)
184. 3(6행 7열)	**207.** 3(2행 3열)	**230.** 7(4행 2열)
185. 5(5행 2열)	**208.** 6(2행 6열)	**231.** 6(5행 1열)
186. 2(2행 5열)	**209.** 4(8행 5열)	**232.** 5(11행 4열)
187. 7(8행 5열)	**210.** 7(9행 5열)	**233.** 4(15행 15열)
188. 8(9행 7열)	**211.** 4(9행 9열)	**234.** 9(7행 15열)
189. 1(9행 2열)	**212.** 1(2행 9열)	**235.** 9(9행 9열)
190. 3(9행 7열)	**213.** 1(6행 6열)	**236.** 7(10행 9열)
191. 7(7행 8열)	**214.** 9(5행 5열)	
192. 2(5행 2열)	**215.** 9(9행 1열)	
193. 4(6행 1열)	**216.** 5(5행 5열)	
194. 3(2행 7열)	**217.** 2(5행 5열)	
195. 6(6행 9열)	**218.** 7(7행 2열)	
196. 8(4행 9열)	**219.** 3(4행 4열)	
197. 8(9행 1열)	**220.** 9(7행 3열)	
198. 7(5행 5열)	**221.** 2(5행 2열)	
199. 3(8행 4열)	**222.** 4(6행 6열)	
200. 2(7행 1열)	**223.** 5(7행 6열)	
201. 2(7행 1열)	**224.** 1(4행 7열)	
202. 1(5행 5열)	**225.** 8(7행 4열)	
203. 7(3행 9열)	**226.** 8(2행 4열)	

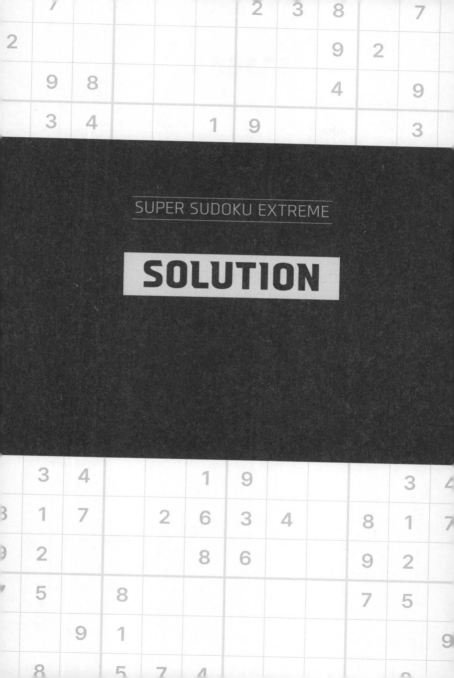

SUPER SUDOKU EXTREME

SOLUTION

STAGE 1

001

2	3	8	1	7	6	4	9	5
5	1	9	2	4	3	6	8	7
7	6	4	5	9	8	2	1	3
9	8	2	6	3	4	7	5	1
3	4	5	8	1	7	9	2	6
6	7	1	9	2	5	3	4	8
4	2	3	7	5	1	8	6	9
8	5	7	4	6	9	1	3	2
1	9	6	3	8	2	5	7	4

002

5	4	9	7	3	2	6	1	8
6	8	7	1	9	5	4	3	2
3	2	1	8	6	4	7	9	5
4	1	2	6	5	8	9	7	3
8	5	3	4	7	9	2	6	1
7	9	6	3	2	1	5	8	4
9	3	4	5	1	6	8	2	7
2	7	8	9	4	3	1	5	6
1	6	5	2	8	7	3	4	9

003

5	3	2	7	8	9	1	6	4
6	8	9	4	2	1	3	5	7
7	1	4	6	3	5	2	8	9
1	7	8	5	4	6	9	2	3
9	2	5	1	7	3	6	4	8
4	6	3	2	9	8	7	1	5
2	5	7	9	1	4	8	3	6
3	4	1	8	6	7	5	9	2
8	9	6	3	5	2	4	7	1

004

5	6	1	9	4	3	8	7	2
7	4	3	6	8	2	1	9	5
8	9	2	7	5	1	4	3	6
3	2	4	8	6	5	9	1	7
9	7	5	2	1	4	6	8	3
1	8	6	3	7	9	2	5	4
6	3	8	1	2	7	5	4	9
4	1	7	5	9	6	3	2	8
2	5	9	4	3	8	7	6	1

005

5	8	2	4	1	6	9	7	3
4	3	7	9	8	2	6	1	5
9	6	1	5	7	3	8	2	4
1	9	3	2	6	5	7	4	8
8	2	5	7	3	4	1	6	9
7	4	6	1	9	8	5	3	2
3	7	8	6	4	9	2	5	1
2	1	9	3	5	7	4	8	6
6	5	4	8	2	1	3	9	7

006

4	7	2	5	8	9	3	6	1
3	9	8	6	1	4	7	2	5
1	6	5	7	2	3	4	8	9
2	5	6	3	4	8	9	1	7
7	1	3	9	6	2	5	4	8
8	4	9	1	5	7	2	3	6
9	8	4	2	7	1	6	5	3
6	3	1	4	9	5	8	7	2
5	2	7	8	3	6	1	9	4

007

1	4	9	5	7	2	8	3	6
6	7	2	9	3	8	1	4	5
3	5	8	1	6	4	9	7	2
2	1	3	7	5	9	6	8	4
5	6	7	4	8	1	3	2	9
8	9	4	6	2	3	7	5	1
4	8	5	3	9	6	2	1	7
7	3	6	2	1	5	4	9	8
9	2	1	8	4	7	5	6	3

008

3	2	1	8	6	9	7	5	4
6	8	5	4	7	3	2	1	9
9	7	4	5	1	2	3	8	6
1	4	9	3	5	7	8	6	2
8	5	6	2	9	1	4	3	7
2	3	7	6	4	8	1	9	5
7	1	8	9	2	6	5	4	3
5	6	3	7	8	4	9	2	1
4	9	2	1	3	5	6	7	8

009

1	6	7	9	4	2	3	5	8
8	2	5	1	3	7	9	4	6
9	3	4	5	6	8	2	1	7
6	4	9	7	5	3	1	8	2
2	7	1	4	8	9	5	6	3
3	5	8	2	1	6	7	9	4
4	1	3	6	7	5	8	2	9
5	8	2	3	9	4	6	7	1
7	9	6	8	2	1	4	3	5

010

5	6	8	7	2	1	9	4	3
3	2	4	8	5	9	1	7	6
1	9	7	4	6	3	2	8	5
2	7	3	6	8	4	5	1	9
8	5	1	9	7	2	3	6	4
6	4	9	3	1	5	8	2	7
7	8	5	1	3	6	4	9	2
4	3	6	2	9	8	7	5	1
9	1	2	5	4	7	6	3	8

011

7	8	4	1	2	6	9	3	5
3	2	9	8	5	4	6	1	7
1	5	6	3	9	7	2	8	4
9	7	3	2	1	8	5	4	6
8	6	2	5	4	3	1	7	9
4	1	5	7	6	9	3	2	8
2	4	1	9	7	5	8	6	3
5	3	7	6	8	2	4	9	1
6	9	8	4	3	1	7	5	2

012

5	4	7	1	2	8	6	3	9
6	1	8	9	7	3	4	2	5
3	9	2	6	4	5	1	7	8
8	2	3	5	1	4	9	6	7
4	7	6	8	9	2	5	1	3
1	5	9	7	3	6	8	4	2
7	3	5	4	8	1	2	9	6
2	6	1	3	5	9	7	8	4
9	8	4	2	6	7	3	5	1

013

6	7	9	1	4	2	8	5	3
1	3	4	6	5	8	2	7	9
2	5	8	3	9	7	4	1	6
7	1	3	4	2	6	9	8	5
9	6	2	8	7	5	1	3	4
8	4	5	9	1	3	6	2	7
4	8	1	5	3	9	7	6	2
3	9	7	2	6	1	5	4	8
5	2	6	7	8	4	3	9	1

014

9	7	2	6	1	3	8	4	5
4	3	8	5	7	2	6	9	1
5	6	1	4	8	9	3	7	2
8	1	9	2	4	6	5	3	7
6	2	5	7	3	8	9	1	4
7	4	3	1	9	5	2	8	6
2	9	4	3	5	7	1	6	8
3	5	7	8	6	1	4	2	9
1	8	6	9	2	4	7	5	3

015

8	1	9	2	4	7	6	3	5
4	6	5	9	1	3	7	2	8
2	7	3	8	5	6	1	9	4
5	2	7	3	6	4	8	1	9
9	3	1	7	8	2	5	4	6
6	4	8	1	9	5	2	7	3
3	9	2	6	7	8	4	5	1
1	5	6	4	2	9	3	8	7
7	8	4	5	3	1	9	6	2

016

2	4	9	1	6	3	8	5	7
5	3	1	8	7	9	4	2	6
7	8	6	4	2	5	9	3	1
6	9	3	5	8	2	7	1	4
1	5	7	6	9	4	3	8	2
8	2	4	7	3	1	5	6	9
4	1	2	3	5	7	6	9	8
9	6	5	2	4	8	1	7	3
3	7	8	9	1	6	2	4	5

017

1	7	3	2	5	8	6	9	4
4	5	8	3	9	6	1	7	2
2	6	9	4	1	7	5	8	3
7	3	6	5	2	4	8	1	9
5	2	1	8	7	9	4	3	6
9	8	4	6	3	1	2	5	7
6	9	7	1	8	2	3	4	5
3	1	2	7	4	5	9	6	8
8	4	5	9	6	3	7	2	1

018

6	9	3	1	8	2	5	7	4
8	4	7	3	5	6	9	2	1
5	2	1	7	4	9	6	8	3
9	8	5	6	2	1	3	4	7
4	7	2	8	3	5	1	6	9
3	1	6	9	7	4	8	5	2
1	5	4	2	6	3	7	9	8
2	3	8	5	9	7	4	1	6
7	6	9	4	1	8	2	3	5

019

4	5	3	9	2	1	6	8	7
2	9	7	3	8	6	5	1	4
8	6	1	5	4	7	9	2	3
3	8	5	6	7	9	2	4	1
1	2	6	4	5	3	7	9	8
9	7	4	2	1	8	3	5	6
7	3	2	1	9	4	8	6	5
6	1	9	8	3	5	4	7	2
5	4	8	7	6	2	1	3	9

020

1	4	9	5	6	8	2	3	7
2	7	8	3	9	4	6	1	5
5	6	3	2	7	1	9	4	8
9	2	7	4	8	6	1	5	3
6	1	4	9	3	5	8	7	2
3	8	5	1	2	7	4	6	9
7	9	1	8	4	3	5	2	6
8	5	6	7	1	2	3	9	4
4	3	2	6	5	9	7	8	1

021

4	8	9	6	3	5	1	7	2
5	6	7	2	9	1	8	3	4
1	3	2	4	7	8	6	5	9
7	9	3	8	2	4	5	1	6
2	1	6	9	5	3	7	4	8
8	4	5	7	1	6	2	9	3
3	2	8	5	4	7	9	6	1
9	7	4	1	6	2	3	8	5
6	5	1	3	8	9	4	2	7

022

3	6	1	9	4	5	8	7	2
2	9	4	8	7	3	1	6	5
7	5	8	6	1	2	9	4	3
9	4	3	2	6	8	5	1	7
5	1	2	4	3	7	6	9	8
8	7	6	5	9	1	3	2	4
4	8	5	1	2	6	7	3	9
6	2	7	3	8	9	4	5	1
1	3	9	7	5	4	2	8	6

023

1	5	7	2	3	9	8	4	6
6	2	9	5	8	4	1	7	3
8	3	4	6	1	7	9	5	2
3	7	1	8	6	5	2	9	4
9	8	5	4	2	1	3	6	7
2	4	6	7	9	3	5	1	8
4	1	8	9	7	2	6	3	5
7	6	3	1	5	8	4	2	9
5	9	2	3	4	6	7	8	1

024

1	8	6	5	3	7	4	9	2
3	2	7	6	4	9	8	5	1
9	4	5	8	2	1	3	6	7
2	5	9	3	7	4	6	1	8
4	3	1	9	6	8	7	2	5
7	6	8	2	1	5	9	4	3
8	9	2	4	5	3	1	7	6
5	7	4	1	8	6	2	3	9
6	1	3	7	9	2	5	8	4

025

8	3	9	4	5	1	6	7	2
5	1	6	7	3	2	9	8	4
2	4	7	6	9	8	5	3	1
1	9	3	5	7	6	2	4	8
6	2	4	1	8	3	7	5	9
7	5	8	2	4	9	3	1	6
4	8	5	9	2	7	1	6	3
9	7	1	3	6	4	8	2	5
3	6	2	8	1	5	4	9	7

026

1	5	7	2	8	4	9	6	3
6	4	2	9	1	3	7	5	8
9	8	3	7	5	6	2	4	1
2	7	4	5	6	8	1	3	9
3	1	8	4	2	9	5	7	6
5	6	9	3	7	1	4	8	2
8	3	5	1	4	2	6	9	7
7	9	1	6	3	5	8	2	4
4	2	6	8	9	7	3	1	5

027

5	7	1	2	6	9	4	8	3
4	2	8	5	7	3	9	1	6
6	3	9	4	1	8	7	5	2
8	6	7	9	3	1	2	4	5
1	9	4	8	2	5	6	3	7
2	5	3	7	4	6	8	9	1
7	4	5	1	9	2	3	6	8
3	8	2	6	5	4	1	7	9
9	1	6	3	8	7	5	2	4

028

6	2	8	9	5	1	3	4	7
3	1	7	4	8	6	5	9	2
9	4	5	7	2	3	8	1	6
4	9	1	2	3	8	6	7	5
5	7	2	6	4	9	1	8	3
8	3	6	1	7	5	9	2	4
2	5	9	3	1	7	4	6	8
1	8	4	5	6	2	7	3	9
7	6	3	8	9	4	2	5	1

029

9	4	5	8	6	3	2	1	7
6	7	2	5	4	1	8	9	3
3	8	1	7	9	2	6	5	4
7	1	9	2	8	4	5	3	6
2	6	4	9	3	5	1	7	8
5	3	8	6	1	7	9	4	2
8	9	3	4	5	6	7	2	1
4	2	6	1	7	9	3	8	5
1	5	7	3	2	8	4	6	9

030

5	4	1	3	9	7	6	8	2
2	9	7	6	5	8	1	3	4
3	8	6	4	2	1	9	5	7
6	5	8	9	7	2	3	4	1
7	2	4	1	6	3	5	9	8
1	3	9	5	8	4	7	2	6
4	1	2	7	3	9	8	6	5
9	7	5	8	4	6	2	1	3
8	6	3	2	1	5	4	7	9

031

8	6	4	9	3	2	5	1	7
9	1	5	7	4	8	2	3	6
3	2	7	5	6	1	9	4	8
6	9	3	2	7	5	1	8	4
7	8	1	4	9	6	3	2	5
5	4	2	8	1	3	6	7	9
2	5	6	3	8	4	7	9	1
4	3	9	1	5	7	8	6	2
1	7	8	6	2	9	4	5	3

032

4	3	5	6	2	7	9	8	1
2	1	9	3	8	5	4	6	7
6	7	8	9	1	4	5	3	2
7	4	3	1	5	9	8	2	6
5	2	6	7	3	8	1	4	9
8	9	1	2	4	6	3	7	5
1	8	4	5	6	2	7	9	3
3	6	7	4	9	1	2	5	8
9	5	2	8	7	3	6	1	4

033

3	2	8	5	1	7	9	6	4
7	6	1	4	3	9	5	2	8
4	5	9	6	8	2	7	1	3
8	1	6	7	2	4	3	9	5
2	7	3	9	5	1	8	4	6
5	9	4	8	6	3	2	7	1
9	8	5	1	7	6	4	3	2
1	4	2	3	9	5	6	8	7
6	3	7	2	4	8	1	5	9

034

3	2	8	5	1	7	9	4	6
7	1	4	9	6	2	5	8	3
6	5	9	3	4	8	7	1	2
4	8	5	6	3	1	2	9	7
1	3	2	8	7	9	6	5	4
9	6	7	4	2	5	1	3	8
8	7	6	1	5	4	3	2	9
5	9	3	2	8	6	4	7	1
2	4	1	7	9	3	8	6	5

035

7	4	9	2	1	8	5	3	6
8	1	5	9	6	3	4	2	7
2	6	3	4	5	7	9	8	1
9	2	6	7	4	1	8	5	3
5	3	7	8	9	2	6	1	4
1	8	4	5	3	6	2	7	9
6	5	8	1	7	4	3	9	2
4	9	1	3	2	5	7	6	8
3	7	2	6	8	9	1	4	5

036

7	6	5	4	8	9	1	2	3
9	4	3	2	1	6	8	7	5
8	1	2	7	3	5	4	9	6
6	5	4	9	7	3	2	8	1
1	3	7	8	4	2	5	6	9
2	8	9	6	5	1	7	3	4
5	2	1	3	9	8	6	4	7
3	7	6	5	2	4	9	1	8
4	9	8	1	6	7	3	5	2

037

6	7	9	1	2	5	3	4	8
1	3	2	4	7	8	6	9	5
5	8	4	9	6	3	2	7	1
2	5	6	3	4	9	1	8	7
7	4	8	5	1	2	9	3	6
9	1	3	6	8	7	4	5	2
4	2	5	8	9	1	7	6	3
8	9	1	7	3	6	5	2	4
3	6	7	2	5	4	8	1	9

038

7	8	9	5	2	1	6	4	3
6	1	3	4	8	7	2	5	9
2	5	4	9	3	6	1	8	7
5	4	2	1	7	3	9	6	8
3	6	8	2	9	5	7	1	4
1	9	7	6	4	8	5	3	2
9	2	5	3	1	4	8	7	6
4	7	6	8	5	2	3	9	1
8	3	1	7	6	9	4	2	5

039

7	5	3	4	1	6	2	8	9
6	8	1	9	2	3	4	7	5
2	4	9	8	7	5	3	6	1
4	9	6	2	8	7	1	5	3
3	1	5	6	4	9	8	2	7
8	2	7	5	3	1	6	9	4
9	6	4	3	5	8	7	1	2
1	3	8	7	9	2	5	4	6
5	7	2	1	6	4	9	3	8

040

2	6	8	1	3	7	4	5	9
4	9	5	2	8	6	7	3	1
7	3	1	5	4	9	8	2	6
6	1	9	3	7	4	5	8	2
8	2	4	9	1	5	6	7	3
5	7	3	8	6	2	1	9	4
1	5	7	4	9	3	2	6	8
3	8	2	6	5	1	9	4	7
9	4	6	7	2	8	3	1	5

041

7	4	9	6	3	8	1	2	5
6	1	3	2	4	5	8	9	7
2	8	5	7	9	1	4	3	6
4	2	1	9	6	3	7	5	8
3	9	8	1	5	7	6	4	2
5	6	7	4	8	2	9	1	3
9	7	6	3	2	4	5	8	1
8	3	4	5	1	6	2	7	9
1	5	2	8	7	9	3	6	4

042

4	3	9	8	7	6	1	2	5
6	8	2	3	5	1	4	9	7
1	7	5	2	4	9	6	8	3
7	2	8	1	6	4	5	3	9
9	1	6	5	3	7	2	4	8
5	4	3	9	8	2	7	1	6
2	5	1	6	9	8	3	7	4
3	9	4	7	2	5	8	6	1
8	6	7	4	1	3	9	5	2

043

1	2	5	7	6	3	8	4	9
7	8	3	4	2	9	6	1	5
6	9	4	1	8	5	7	2	3
4	1	6	3	7	8	9	5	2
2	7	9	5	1	4	3	8	6
3	5	8	6	9	2	1	7	4
9	3	1	2	5	7	4	6	8
5	4	7	8	3	6	2	9	1
8	6	2	9	4	1	5	3	7

044

6	9	2	1	8	3	5	4	7
7	5	3	9	4	6	8	1	2
1	4	8	5	7	2	6	3	9
5	7	1	8	2	9	3	6	4
8	2	4	6	3	7	1	9	5
9	3	6	4	1	5	7	2	8
4	8	7	2	6	1	9	5	3
3	6	9	7	5	4	2	8	1
2	1	5	3	9	8	4	7	6

045

5	2	4	3	8	1	7	9	6
1	6	3	9	2	7	8	4	5
8	7	9	6	4	5	1	2	3
6	5	8	7	1	4	2	3	9
9	3	2	5	6	8	4	7	1
7	4	1	2	9	3	5	6	8
2	9	5	1	7	6	3	8	4
4	1	7	8	3	9	6	5	2
3	8	6	4	5	2	9	1	7

046

5	7	9	4	2	8	6	3	1
1	8	2	6	3	7	4	5	9
6	4	3	9	1	5	2	8	7
9	1	4	8	5	2	7	6	3
8	6	7	3	9	4	1	2	5
2	3	5	1	7	6	9	4	8
3	5	6	7	4	9	8	1	2
7	2	8	5	6	1	3	9	4
4	9	1	2	8	3	5	7	6

047

8	9	2	5	4	3	7	6	1
7	1	5	8	9	6	2	3	4
3	4	6	2	1	7	5	8	9
9	5	8	4	7	2	6	1	3
1	6	7	3	5	9	4	2	8
2	3	4	6	8	1	9	7	5
4	8	1	7	6	5	3	9	2
5	7	3	9	2	8	1	4	6
6	2	9	1	3	4	8	5	7

048

8	4	1	2	3	6	9	7	5
5	7	2	4	9	1	8	3	6
3	6	9	7	8	5	4	2	1
1	9	6	8	4	3	2	5	7
7	2	3	5	1	9	6	8	4
4	5	8	6	2	7	3	1	9
2	8	5	1	6	4	7	9	3
9	1	4	3	7	8	5	6	2
6	3	7	9	5	2	1	4	8

049

1	7	3	2	8	9	4	6	5
6	5	9	1	3	4	8	2	7
4	2	8	7	6	5	1	9	3
3	8	6	9	7	1	5	4	2
7	4	2	8	5	3	6	1	9
9	1	5	6	4	2	7	3	8
5	9	7	4	2	6	3	8	1
8	6	1	3	9	7	2	5	4
2	3	4	5	1	8	9	7	6

050

5	1	7	3	6	9	8	2	4
8	2	9	7	4	5	3	1	6
6	4	3	2	1	8	5	9	7
1	9	6	5	2	7	4	3	8
4	5	2	1	8	3	7	6	9
3	7	8	6	9	4	1	5	2
2	3	1	4	7	6	9	8	5
7	8	5	9	3	2	6	4	1
9	6	4	8	5	1	2	7	3

STAGE 2

051

8	2	7	1	6	5	9	3	4
6	1	9	3	4	7	8	5	2
5	3	4	2	9	8	7	6	1
1	7	2	6	3	9	4	8	5
4	6	8	7	5	1	2	9	3
3	9	5	4	8	2	1	7	6
2	5	1	9	7	3	6	4	8
7	8	6	5	1	4	3	2	9
9	4	3	8	2	6	5	1	7

052

8	4	6	5	1	2	9	7	3
3	7	5	8	9	6	4	2	1
2	9	1	7	4	3	6	5	8
5	2	9	3	7	1	8	4	6
4	8	3	6	5	9	7	1	2
1	6	7	2	8	4	3	9	5
7	1	2	4	6	8	5	3	9
6	3	4	9	2	5	1	8	7
9	5	8	1	3	7	2	6	4

053

6	5	4	2	7	9	8	3	1
7	1	9	6	3	8	4	2	5
8	3	2	5	1	4	6	9	7
1	9	8	7	6	3	5	4	2
5	6	3	8	4	2	1	7	9
2	4	7	9	5	1	3	8	6
3	2	5	1	8	7	9	6	4
9	8	1	4	2	6	7	5	3
4	7	6	3	9	5	2	1	8

054

1	8	3	7	6	5	9	2	4
4	9	7	1	3	2	6	8	5
6	2	5	9	4	8	3	7	1
3	4	9	6	5	7	8	1	2
5	1	8	2	9	3	4	6	7
7	6	2	4	8	1	5	3	9
2	5	4	8	1	6	7	9	3
8	3	1	5	7	9	2	4	6
9	7	6	3	2	4	1	5	8

055

3	6	4	2	5	9	1	7	8
5	2	8	6	1	7	9	4	3
1	9	7	4	8	3	5	6	2
8	5	1	7	9	4	2	3	6
6	4	9	3	2	8	7	1	5
7	3	2	5	6	1	8	9	4
4	7	5	9	3	2	6	8	1
9	8	6	1	4	5	3	2	7
2	1	3	8	7	6	4	5	9

056

1	8	2	5	6	4	9	7	3
6	5	3	1	9	7	4	2	8
7	9	4	3	8	2	6	5	1
2	7	6	8	3	9	5	1	4
3	4	5	6	2	1	8	9	7
8	1	9	7	4	5	3	6	2
9	3	1	2	5	8	7	4	6
4	6	7	9	1	3	2	8	5
5	2	8	4	7	6	1	3	9

057

1	7	2	9	8	3	6	4	5
3	4	9	6	2	5	1	8	7
8	5	6	1	7	4	2	3	9
4	8	5	2	3	9	7	6	1
7	2	3	4	6	1	9	5	8
9	6	1	7	5	8	4	2	3
5	1	4	3	9	6	8	7	2
6	3	7	8	1	2	5	9	4
2	9	8	5	4	7	3	1	6

058

6	9	3	5	8	2	1	7	4
1	5	7	3	6	4	9	2	8
8	4	2	7	1	9	6	5	3
2	3	5	1	9	8	7	4	6
7	6	1	4	2	5	3	8	9
4	8	9	6	7	3	5	1	2
9	7	6	2	4	1	8	3	5
5	2	8	9	3	7	4	6	1
3	1	4	8	5	6	2	9	7

059

7	1	2	5	9	8	4	3	6
3	9	6	4	1	2	5	7	8
5	4	8	7	6	3	9	2	1
8	5	4	3	7	1	2	6	9
2	7	9	8	5	6	3	1	4
6	3	1	2	4	9	7	8	5
9	2	3	6	8	5	1	4	7
1	8	7	9	3	4	6	5	2
4	6	5	1	2	7	8	9	3

060

7	4	9	6	5	2	1	3	8
5	2	3	8	4	1	6	9	7
1	6	8	3	7	9	5	2	4
6	3	5	1	9	8	7	4	2
8	1	2	4	6	7	9	5	3
9	7	4	5	2	3	8	1	6
3	9	7	2	8	5	4	6	1
2	5	6	7	1	4	3	8	9
4	8	1	9	3	6	2	7	5

061

1	9	8	3	2	4	5	7	6
3	6	5	8	7	9	4	1	2
7	2	4	1	5	6	9	8	3
5	1	6	7	4	3	8	2	9
2	3	7	9	8	1	6	5	4
8	4	9	5	6	2	7	3	1
9	5	2	6	1	8	3	4	7
6	7	1	4	3	5	2	9	8
4	8	3	2	9	7	1	6	5

062

7	2	9	6	5	3	8	4	1
6	5	4	8	9	1	2	3	7
3	8	1	2	4	7	6	5	9
9	4	7	3	6	2	1	8	5
1	3	2	4	8	5	7	9	6
5	6	8	7	1	9	3	2	4
8	7	5	9	2	6	4	1	3
2	9	3	1	7	4	5	6	8
4	1	6	5	3	8	9	7	2

063

9	1	4	5	3	8	6	7	2
5	7	8	4	2	6	3	1	9
2	6	3	7	1	9	4	8	5
6	8	5	2	9	7	1	3	4
3	2	1	8	5	4	9	6	7
7	4	9	3	6	1	2	5	8
4	3	6	9	7	5	8	2	1
1	9	7	6	8	2	5	4	3
8	5	2	1	4	3	7	9	6

064

3	5	8	4	2	6	9	1	7
9	4	1	5	8	7	6	3	2
6	7	2	9	3	1	5	8	4
1	6	9	8	7	4	2	5	3
7	8	5	3	9	2	1	4	6
2	3	4	6	1	5	7	9	8
8	2	6	1	4	9	3	7	5
5	1	3	7	6	8	4	2	9
4	9	7	2	5	3	8	6	1

065

6	3	2	9	4	5	7	1	8
8	7	4	2	3	1	6	9	5
1	5	9	8	7	6	2	4	3
4	9	6	1	2	8	5	3	7
5	2	7	3	6	9	4	8	1
3	1	8	7	5	4	9	2	6
7	6	1	4	8	2	3	5	9
2	8	3	5	9	7	1	6	4
9	4	5	6	1	3	8	7	2

066

5	6	1	8	7	2	9	3	4
3	9	2	6	5	4	7	1	8
4	7	8	3	1	9	2	5	6
9	3	6	1	2	8	4	7	5
1	4	7	9	6	5	8	2	3
2	8	5	4	3	7	6	9	1
6	1	4	7	9	3	5	8	2
8	5	9	2	4	1	3	6	7
7	2	3	5	8	6	1	4	9

067

5	1	9	2	3	4	6	8	7
7	8	2	5	9	6	3	4	1
6	3	4	1	8	7	9	5	2
3	4	7	9	6	1	8	2	5
2	5	1	3	7	8	4	6	9
9	6	8	4	2	5	1	7	3
1	2	6	7	4	3	5	9	8
8	9	5	6	1	2	7	3	4
4	7	3	8	5	9	2	1	6

068

1	8	5	2	6	9	7	3	4
7	6	9	8	3	4	1	5	2
4	2	3	7	5	1	9	6	8
5	9	4	1	7	2	6	8	3
6	3	7	4	8	5	2	9	1
8	1	2	6	9	3	5	4	7
3	4	6	5	2	7	8	1	9
9	7	8	3	1	6	4	2	5
2	5	1	9	4	8	3	7	6

069

1	6	8	7	2	3	4	5	9
4	3	5	9	1	8	7	2	6
7	9	2	6	5	4	8	3	1
8	4	1	2	3	6	9	7	5
9	2	7	5	8	1	6	4	3
6	5	3	4	7	9	2	1	8
2	7	9	3	6	5	1	8	4
3	8	6	1	4	2	5	9	7
5	1	4	8	9	7	3	6	2

070

2	7	9	8	3	6	5	1	4
4	3	1	5	9	7	6	8	2
6	8	5	2	4	1	9	7	3
9	2	3	1	7	4	8	5	6
8	1	4	9	6	5	2	3	7
7	5	6	3	2	8	1	4	9
1	9	2	4	8	3	7	6	5
5	4	7	6	1	9	3	2	8
3	6	8	7	5	2	4	9	1

071

3	7	5	9	1	6	2	4	8
1	6	4	7	2	8	3	9	5
8	9	2	4	5	3	7	6	1
9	1	6	8	7	5	4	2	3
2	8	7	6	3	4	1	5	9
5	4	3	2	9	1	8	7	6
7	3	8	5	4	9	6	1	2
4	5	1	3	6	2	9	8	7
6	2	9	1	8	7	5	3	4

072

3	9	4	1	2	5	7	8	6
8	2	1	7	3	6	5	4	9
7	5	6	9	4	8	3	1	2
6	3	9	8	5	7	1	2	4
4	7	2	6	1	3	8	9	5
5	1	8	4	9	2	6	7	3
1	6	3	2	7	9	4	5	8
2	8	7	5	6	4	9	3	1
9	4	5	3	8	1	2	6	7

073

4	6	9	7	2	3	8	5	1
8	2	5	4	1	6	3	7	9
7	1	3	8	5	9	4	6	2
1	5	2	6	8	4	7	9	3
9	4	7	2	3	5	1	8	6
3	8	6	1	9	7	5	2	4
6	9	8	5	4	1	2	3	7
2	7	1	3	6	8	9	4	5
5	3	4	9	7	2	6	1	8

074

5	1	7	4	8	9	2	3	6
9	4	3	6	1	2	7	5	8
6	8	2	5	7	3	9	1	4
8	6	9	1	2	5	4	7	3
2	7	5	3	9	4	8	6	1
1	3	4	7	6	8	5	2	9
7	5	1	8	4	6	3	9	2
4	9	6	2	3	7	1	8	5
3	2	8	9	5	1	6	4	7

075

6	8	7	1	4	5	3	9	2						
1	4	5	3	9	2	7	6	8						
3	9	2	7	6	8	1	5	4						
5	3	6	8	7	4	2	1	9						
8	1	4	2	3	9	5	7	6						
2	7	9	5	1	6	8	4	3						
7	6	1	9	8	3	4	2	5	6	8	7	3	1	9
4	5	3	6	2	7	9	8	1	2	3	5	7	4	6
9	2	8	4	5	1	6	3	7	9	4	1	8	2	5
						8	4	2	3	7	6	9	5	1
						1	7	6	4	5	9	2	3	8
						3	5	9	1	2	8	4	6	7
						2	6	8	7	1	3	5	9	4
						7	1	3	5	9	4	6	8	2
						5	9	4	8	6	2	1	7	3

076

9	1	5	4	2	3	6	8	7						
6	4	8	9	7	1	2	5	3						
3	2	7	5	6	8	9	1	4						
2	8	6	1	3	7	4	9	5						
5	3	9	8	4	2	1	7	6						
4	7	1	6	5	9	8	3	2						
8	5	2	3	1	6	7	4	9	5	3	2	8	1	6
1	6	4	7	9	5	3	2	8	4	6	1	7	9	5
7	9	3	2	8	4	5	6	1	9	8	7	3	2	4
						4	5	6	2	1	3	9	8	7
						8	3	7	6	4	9	1	5	2
						1	9	2	7	5	8	6	4	3
						9	1	5	3	2	6	4	7	8
						6	7	4	8	9	5	2	3	1
						2	8	3	1	7	4	5	6	9

077

2	8	6	1	9	5	7	3	4						
4	7	9	8	6	3	1	2	5						
1	5	3	7	4	2	8	9	6						
8	6	1	2	3	4	5	7	9						
5	3	7	9	1	8	6	4	2						
9	4	2	6	5	7	3	8	1						
6	1	8	4	7	9	2	5	3	6	7	8	4	1	9
7	9	5	3	2	1	4	6	8	5	1	9	2	7	3
3	2	4	5	8	6	9	1	7	2	3	4	5	8	6
						6	9	2	7	4	1	8	3	5
						1	8	5	3	6	2	9	4	7
						3	7	4	9	8	5	6	2	1
						5	3	1	8	2	6	7	9	4
						7	2	6	4	9	3	1	5	8
						8	4	9	1	5	7	3	6	2

078

3	9	8	6	5	4	1	2	7						
4	5	7	8	1	2	9	6	3						
1	6	2	9	3	7	4	5	8						
5	7	6	2	4	9	3	8	1						
8	2	1	3	7	6	5	9	4						
9	3	4	1	8	5	2	7	6						
7	8	9	4	2	1	6	3	5	1	8	7	9	2	4
6	1	5	7	9	3	8	4	2	6	5	9	7	3	1
2	4	3	5	6	8	7	1	9	2	3	4	6	8	5
						1	8	4	9	7	5	2	6	3
						2	6	7	4	1	3	8	5	9
						9	5	3	8	2	6	4	1	7
						3	2	1	7	9	8	5	4	6
						4	9	8	5	6	1	3	7	2
						5	7	6	3	4	2	1	9	8

079

2	5	8	7	6	3	9	1	4
7	1	6	2	9	4	5	8	3
9	3	4	5	1	8	6	2	7
6	2	5	3	4	9	1	7	8
8	7	3	6	2	1	4	9	5
1	4	9	8	5	7	3	6	2
3	6	2	9	7	5	8	4	1
5	9	1	4	8	2	7	3	6
4	8	7	1	3	6	2	5	9

080

2	6	9	5	1	7	4	8	3
1	7	3	8	9	4	5	6	2
4	5	8	3	6	2	9	1	7
3	8	4	2	7	5	1	9	6
6	2	1	9	4	8	7	3	5
5	9	7	6	3	1	2	4	8
7	1	2	4	8	6	3	5	9
8	3	5	1	2	9	6	7	4
9	4	6	7	5	3	8	2	1

081

1	6	7	8	9	2	5	3	4
3	2	9	4	7	5	8	1	6
4	8	5	6	3	1	2	9	7
6	5	8	2	4	9	1	7	3
7	9	3	1	5	6	4	2	8
2	4	1	3	8	7	9	6	5
8	7	4	9	1	3	6	5	2
9	3	2	5	6	8	7	4	1
5	1	6	7	2	4	3	8	9

082

9	8	3	2	4	7	1	5	6
6	2	4	1	5	3	9	7	8
5	1	7	6	8	9	4	2	3
7	4	1	9	6	2	8	3	5
3	9	2	8	7	5	6	1	4
8	5	6	4	3	1	7	9	2
2	6	5	7	1	8	3	4	9
1	3	8	5	9	4	2	6	7
4	7	9	3	2	6	5	8	1

083

4	1	6	7	2	8	9	5	3
2	9	7	5	3	6	1	8	4
8	5	3	1	4	9	7	6	2
9	6	5	2	8	3	4	1	7
3	8	1	4	7	5	2	9	6
7	4	2	9	6	1	8	3	5
6	3	4	8	9	2	5	7	1
1	7	8	3	5	4	6	2	9
5	2	9	6	1	7	3	4	8

084

5	8	7	1	4	9	3	6	2
1	2	9	7	3	6	4	5	8
4	6	3	5	8	2	9	1	7
9	7	5	3	6	1	8	2	4
2	3	6	4	9	8	5	7	1
8	4	1	2	5	7	6	9	3
7	5	8	6	1	4	2	3	9
3	9	2	8	7	5	1	4	6
6	1	4	9	2	3	7	8	5

085

7	6	2	3	9	8	5	1	4
8	4	3	5	6	1	9	7	2
9	1	5	7	4	2	6	3	8
4	5	1	2	8	6	7	9	3
6	9	7	4	1	3	2	8	5
3	2	8	9	7	5	1	4	6
5	8	6	1	3	7	4	2	9
2	7	9	8	5	4	3	6	1
1	3	4	6	2	9	8	5	7

086

8	3	9	6	1	7	4	5	2
6	2	5	3	9	4	7	1	8
4	1	7	8	5	2	9	6	3
2	6	4	5	8	1	3	9	7
7	9	1	2	3	6	8	4	5
5	8	3	4	7	9	1	2	6
9	7	8	1	2	5	6	3	4
3	4	2	9	6	8	5	7	1
1	5	6	7	4	3	2	8	9

087

8	9	7	2	4	6	5	3	1
5	1	2	3	9	7	4	6	8
6	3	4	8	5	1	7	9	2
3	5	6	7	8	9	2	1	4
2	8	9	4	1	5	3	7	6
4	7	1	6	2	3	9	8	5
1	4	8	9	7	2	6	5	3
7	2	3	5	6	8	1	4	9
9	6	5	1	3	4	8	2	7

088

1	9	6	4	3	5	7	8	2
7	5	3	8	1	2	9	4	6
2	4	8	6	7	9	5	3	1
3	2	7	9	8	4	1	6	5
4	6	9	2	5	1	3	7	8
5	8	1	7	6	3	2	9	4
8	1	4	3	2	7	6	5	9
6	3	2	5	9	8	4	1	7
9	7	5	1	4	6	8	2	3

089

4	2	5	1	8	9	3	6	7
3	7	8	4	2	6	9	5	1
1	6	9	5	7	3	2	4	8
5	8	4	2	6	1	7	3	9
6	1	3	7	9	5	8	2	4
2	9	7	3	4	8	6	1	5
7	3	6	8	5	4	1	9	2
8	4	1	9	3	2	5	7	6
9	5	2	6	1	7	4	8	3

090

7	8	4	6	1	9	3	5	2
2	9	5	4	7	3	6	1	8
6	1	3	5	2	8	7	4	9
3	6	9	7	8	5	4	2	1
4	5	1	9	6	2	8	7	3
8	7	2	3	4	1	9	6	5
9	3	6	2	5	4	1	8	7
5	4	8	1	9	7	2	3	6
1	2	7	8	3	6	5	9	4

091

6	2	5	7	9	4	1	3	8
9	4	7	1	3	8	5	6	2
3	8	1	2	5	6	4	7	9
7	9	4	5	1	2	3	8	6
2	3	6	4	8	9	7	1	5
1	5	8	6	7	3	2	9	4
4	6	9	3	2	7	8	5	1
5	7	2	8	6	1	9	4	3
8	1	3	9	4	5	6	2	7

092

5	9	3	1	4	2	6	7	8
2	8	6	3	5	7	1	4	9
1	7	4	8	9	6	2	3	5
3	1	9	5	6	8	7	2	4
6	2	8	4	7	3	9	5	1
4	5	7	2	1	9	8	6	3
9	3	1	7	2	5	4	8	6
7	4	5	6	8	1	3	9	2
8	6	2	9	3	4	5	1	7

093

1	8	5	2	6	4	9	3	7
4	3	2	9	7	1	8	5	6
6	7	9	8	5	3	4	1	2
9	2	6	5	4	7	3	8	1
5	1	7	3	2	8	6	4	9
8	4	3	1	9	6	2	7	5
7	5	4	6	3	9	1	2	8
3	6	8	7	1	2	5	9	4
2	9	1	4	8	5	7	6	3

094

2	9	6	8	3	7	5	1	4
3	1	5	9	2	4	8	6	7
4	7	8	1	5	6	3	2	9
8	6	7	3	9	1	2	4	5
5	3	9	6	4	2	7	8	1
1	2	4	7	8	5	9	3	6
7	8	3	4	1	9	6	5	2
6	5	1	2	7	8	4	9	3
9	4	2	5	6	3	1	7	8

095

6	8	1	3	5	7	9	2	4
4	7	3	2	9	6	5	1	8
2	9	5	8	4	1	3	6	7
5	3	6	1	7	9	4	8	2
1	4	7	5	8	2	6	3	9
8	2	9	6	3	4	7	5	1
7	6	8	9	1	5	2	4	3
3	5	4	7	2	8	1	9	6
9	1	2	4	6	3	8	7	5

096

8	1	6	4	7	5	2	3	9
2	7	5	1	9	3	4	8	6
3	4	9	2	8	6	5	7	1
9	2	4	7	1	8	6	5	3
5	3	7	9	6	4	8	1	2
6	8	1	3	5	2	7	9	4
1	9	8	6	4	7	3	2	5
7	6	3	5	2	9	1	4	8
4	5	2	8	3	1	9	6	7

097

3	6	8	1	2	5	7	9	4
9	4	1	8	6	7	5	3	2
2	7	5	3	4	9	1	6	8
4	5	9	6	7	3	2	8	1
1	3	2	5	9	8	6	4	7
7	8	6	2	1	4	9	5	3
5	1	7	4	8	6	3	2	9
6	2	4	9	3	1	8	7	5
8	9	3	7	5	2	4	1	6

098

5	4	9	7	8	2	3	1	6
3	7	2	4	6	1	9	5	8
6	1	8	3	5	9	2	7	4
7	9	5	1	4	3	8	6	2
8	2	4	6	9	7	5	3	1
1	6	3	8	2	5	7	4	9
4	8	7	9	3	6	1	2	5
2	3	6	5	1	8	4	9	7
9	5	1	2	7	4	6	8	3

099

8	7	6	4	5	1	9	3	2
2	1	5	8	3	9	7	6	4
3	9	4	2	7	6	1	5	8
6	3	8	5	9	2	4	7	1
4	2	9	7	1	3	5	8	6
7	5	1	6	8	4	3	2	9
5	6	3	1	4	8	2	9	7
1	8	7	9	2	5	6	4	3
9	4	2	3	6	7	8	1	5

100

8	1	5	4	9	3	7	2	6
9	6	4	7	2	8	1	5	3
3	7	2	5	6	1	8	4	9
7	4	8	1	5	6	3	9	2
1	3	6	2	7	9	5	8	4
2	5	9	8	3	4	6	1	7
6	8	3	9	1	2	4	7	5
5	2	1	3	4	7	9	6	8
4	9	7	6	8	5	2	3	1

101

1	2	9	8	5	6	3	4	7
4	7	3	1	9	2	5	8	6
6	5	8	7	3	4	2	9	1
9	4	2	5	1	8	6	7	3
5	8	6	3	4	7	9	1	2
3	1	7	2	6	9	8	5	4
2	6	5	4	8	1	7	3	9
7	3	4	9	2	5	1	6	8
8	9	1	6	7	3	4	2	5

102

1	6	5	8	3	4	9	2	7
2	7	3	9	1	5	4	8	6
4	9	8	6	7	2	1	3	5
5	8	9	4	2	6	7	1	3
6	1	2	7	9	3	8	5	4
7	3	4	5	8	1	6	9	2
9	5	1	3	6	7	2	4	8
3	2	6	1	4	8	5	7	9
8	4	7	2	5	9	3	6	1

103

4	3	7	8	1	6	2	9	5
2	5	9	7	8	4	6	3	1
5	6	2	4	3	7	1	8	9
9	8	1	6	2	5	7	4	3
8	2	6	9	7	3	5	1	4
1	4	3	5	6	2	9	7	8
3	7	5	1	9	8	4	6	2
6	9	4	3	5	1	8	2	7
7	1	8	2	4	9	3	5	6

104

6	1	8	7	2	9	4	3	5
3	5	4	8	1	2	7	6	9
4	9	3	2	7	5	6	8	1
1	7	2	6	5	8	9	4	3
5	8	6	4	9	3	1	2	7
7	4	9	3	8	1	2	5	6
9	3	5	1	6	4	8	7	2
8	2	7	9	3	6	5	1	4
2	6	1	5	4	7	3	9	8

105

5	1	4	2	3	8	6	7	9
8	3	6	9	7	2	1	5	4
3	7	5	8	2	9	4	1	6
4	6	9	1	5	7	3	8	2
7	4	8	6	1	5	9	2	3
2	9	3	7	8	4	5	6	1
1	2	7	4	9	6	8	3	5
9	5	2	3	6	1	7	4	8
6	8	1	5	4	3	2	9	7

106

3	6	9	5	2	1	8	7	4
6	2	5	1	8	3	7	4	9
8	7	4	9	1	6	2	5	3
5	1	8	7	3	4	9	2	6
4	9	3	2	6	5	1	8	7
2	3	6	8	5	7	4	9	1
7	4	1	3	9	8	5	6	2
9	8	7	6	4	2	3	1	5
1	5	2	4	7	9	6	3	8

107

7	8	3	4	5	2	1	6	9
1	4	6	3	9	7	8	2	5
2	9	5	1	6	8	7	4	3
5	2	4	6	7	1	9	3	8
9	3	1	5	8	4	2	7	6
8	6	7	9	2	3	5	1	4
6	1	8	2	4	5	3	9	7
3	7	9	8	1	6	4	5	2
4	5	2	7	3	9	6	8	1

108

6	9	7	5	1	8	4	2	3
8	2	1	7	3	4	9	5	6
5	4	3	2	6	9	7	8	1
2	3	4	6	9	5	1	7	8
1	6	9	8	4	7	2	3	5
7	5	8	3	2	1	6	9	4
3	7	2	1	8	6	5	4	9
4	1	5	9	7	3	8	6	2
9	8	6	4	5	2	3	1	7

109

6	8	4	5	9	1	2	7	3
2	9	3	8	6	7	1	4	5
1	5	7	2	4	3	9	8	6
3	2	9	6	8	5	7	1	4
7	6	8	9	1	4	5	3	2
4	1	5	7	3	2	6	9	8
9	4	2	1	5	8	3	6	7
8	7	1	3	2	6	4	5	9
5	3	6	4	7	9	8	2	1

110

1	9	5	7	3	8	2	4	6
3	4	2	5	6	1	9	8	7
6	8	7	9	4	2	1	3	5
2	5	9	8	7	3	6	1	4
7	1	8	4	5	6	3	9	2
4	3	6	1	2	9	7	5	8
9	7	3	2	8	5	4	6	1
5	2	1	6	9	4	8	7	3
8	6	4	3	1	7	5	2	9

111

4	8	5	9	7	1	3	2	6
1	6	7	2	4	3	9	5	8
9	2	3	8	5	6	4	1	7
7	3	2	1	6	9	5	8	4
6	5	9	4	8	2	1	7	3
8	1	4	7	3	5	6	9	2
3	9	1	6	2	7	8	4	5
5	7	8	3	1	4	2	6	9
2	4	6	5	9	8	7	3	1

112

6	8	2	9	3	4	5	1	7
9	7	3	1	8	5	6	4	2
1	4	5	2	6	7	9	3	8
4	9	6	5	1	8	7	2	3
7	2	1	3	4	9	8	6	5
3	5	8	7	2	6	1	9	4
5	1	4	8	9	2	3	7	6
2	3	7	6	5	1	4	8	9
8	6	9	4	7	3	2	5	1

113

8	6	1	4	7	9	3	5	2
2	4	7	8	5	3	9	1	6
5	3	9	1	6	2	8	4	7
9	2	6	3	1	8	4	7	5
7	1	5	6	9	4	2	3	8
3	8	4	7	2	5	1	6	9
1	7	3	9	8	6	5	2	4
4	9	2	5	3	7	6	8	1
6	5	8	2	4	1	7	9	3

114

7	1	4	3	6	5	9	2	8
9	8	3	2	4	7	1	6	5
6	5	2	9	8	1	7	3	4
2	7	9	5	3	6	8	4	1
5	4	8	1	2	9	3	7	6
1	3	6	4	7	8	2	5	9
3	6	1	8	5	2	4	9	7
8	2	5	7	9	4	6	1	3
4	9	7	6	1	3	5	8	2

115

2	1	6	8	3	7	5	9	4
3	9	5	4	6	1	2	8	7
8	7	4	9	5	2	6	3	1
1	5	9	2	4	8	7	6	3
4	3	2	6	7	5	9	1	8
6	8	7	3	1	9	4	5	2
5	2	1	7	8	6	3	4	9
9	4	8	5	2	3	1	7	6
7	6	3	1	9	4	8	2	5

116

7	9	6	3	2	5	8	4	1
1	5	3	4	8	9	6	7	2
8	2	4	1	6	7	9	5	3
6	4	7	5	1	2	3	8	9
9	1	2	8	7	3	4	6	5
3	8	5	6	9	4	2	1	7
5	6	9	7	3	8	1	2	4
2	7	8	9	4	1	5	3	6
4	3	1	2	5	6	7	9	8

117

8	5	2	9	1	6	7	4	3
9	6	1	4	3	7	5	2	8
4	3	7	5	2	8	1	9	6
1	8	9	2	7	3	4	6	5
7	4	6	1	5	9	8	3	2
3	2	5	6	8	4	9	7	1
2	1	3	7	9	5	6	8	4
5	9	4	8	6	2	3	1	7
6	7	8	3	4	1	2	5	9

118

3	9	5	7	8	2	4	1	6
7	8	6	1	5	4	2	9	3
1	4	2	9	6	3	7	5	8
2	3	7	5	4	8	1	6	9
4	6	8	3	1	9	5	7	2
9	5	1	6	2	7	8	3	4
6	2	3	8	7	5	9	4	1
8	7	9	4	3	1	6	2	5
5	1	4	2	9	6	3	8	7

119

4	8	9	3	7	6	2	5	1
3	6	1	5	2	4	9	8	7
5	2	7	9	8	1	6	3	4
9	3	8	4	1	5	7	2	6
2	1	5	6	9	7	3	4	8
7	4	6	8	3	2	1	9	5
1	9	3	7	4	8	5	6	2
8	5	2	1	6	3	4	7	9
6	7	4	2	5	9	8	1	3

120

1	2	3	8	6	5	7	9	4
9	5	4	7	3	1	8	2	6
7	6	8	2	4	9	5	3	1
8	1	9	3	2	7	6	4	5
5	7	6	1	9	4	2	8	3
3	4	2	5	8	6	9	1	7
4	8	1	6	5	2	3	7	9
6	3	7	9	1	8	4	5	2
2	9	5	4	7	3	1	6	8

STAGE 3

121

1	2	7	5	8	3	6	4	9
3	6	9	4	1	2	7	5	8
5	4	8	6	7	9	1	2	3
7	1	5	2	9	4	3	8	6
4	9	2	8	3	6	5	7	1
8	3	6	1	5	7	4	9	2
9	7	4	3	6	8	2	1	5
2	5	3	9	4	1	8	6	7
6	8	1	7	2	5	9	3	4

122

5	9	4	6	3	7	1	8	2
3	1	6	2	8	4	5	9	7
2	7	8	9	1	5	3	4	6
1	4	5	3	9	6	7	2	8
6	3	7	8	5	2	4	1	9
9	8	2	4	7	1	6	3	5
7	6	9	1	4	8	2	5	3
4	5	3	7	2	9	8	6	1
8	2	1	5	6	3	9	7	4

123

4	6	9	1	7	3	8	5	2
2	1	7	9	8	5	4	6	3
5	8	3	2	4	6	7	1	9
8	4	2	6	9	1	5	3	7
9	7	1	3	5	4	2	8	6
6	3	5	7	2	8	1	9	4
7	5	8	4	3	9	6	2	1
1	9	4	5	6	2	3	7	8
3	2	6	8	1	7	9	4	5

124

7	4	1	8	9	2	5	6	3
5	3	2	6	7	1	4	9	8
9	6	8	4	5	3	7	2	1
2	1	7	5	6	8	9	3	4
3	8	9	1	2	4	6	5	7
6	5	4	9	3	7	1	8	2
4	7	6	3	8	5	2	1	9
8	2	5	7	1	9	3	4	6
1	9	3	2	4	6	8	7	5

125

1	8	9	3	7	4	6	5	2
3	2	5	6	1	8	9	7	4
7	6	4	5	2	9	3	1	8
2	3	1	9	8	6	5	4	7
9	5	7	1	4	3	2	8	6
6	4	8	2	5	7	1	9	3
8	1	3	7	9	2	4	6	5
4	9	2	8	6	5	7	3	1
5	7	6	4	3	1	8	2	9

126

5	2	4	9	1	3	8	6	7
8	7	9	4	6	5	1	3	2
3	6	1	2	7	8	9	4	5
4	1	5	6	9	2	7	8	3
2	8	3	5	4	7	6	9	1
6	9	7	3	8	1	5	2	4
1	4	2	8	5	6	3	7	9
9	5	6	7	3	4	2	1	8
7	3	8	1	2	9	4	5	6

127

7	6	5	9	3	8	2	4	1
2	3	8	1	4	7	6	5	9
4	9	1	6	2	5	3	7	8
5	4	6	7	1	3	9	8	2
9	7	2	8	5	6	4	1	3
8	1	3	4	9	2	5	6	7
3	8	4	2	6	1	7	9	5
6	2	7	5	8	9	1	3	4
1	5	9	3	7	4	8	2	6

128

1	9	7	5	2	6	3	4	8
6	2	4	8	3	1	7	5	9
3	5	8	9	7	4	2	6	1
9	1	5	4	8	3	6	2	7
4	6	2	1	5	7	9	8	3
8	7	3	6	9	2	4	1	5
5	8	6	3	4	9	1	7	2
7	3	1	2	6	5	8	9	4
2	4	9	7	1	8	5	3	6

129

5	6	4	1	9	7	2	3	8
1	9	7	2	8	3	6	4	5
3	8	2	5	6	4	7	9	1
4	2	3	9	1	6	5	8	7
9	5	1	8	7	2	3	6	4
8	7	6	3	4	5	9	1	2
7	3	8	4	2	9	1	5	6
6	1	9	7	5	8	4	2	3
2	4	5	6	3	1	8	7	9

130

5	8	7	3	1	4	6	9	2
9	6	4	8	2	7	3	1	5
1	2	3	9	5	6	8	7	4
2	3	9	7	4	1	5	8	6
8	7	6	5	3	9	2	4	1
4	1	5	6	8	2	7	3	9
3	9	8	4	6	5	1	2	7
7	5	2	1	9	8	4	6	3
6	4	1	2	7	3	9	5	8

131

6	2	9	1	7	5	4	8	3
1	3	5	9	4	8	7	2	6
4	7	8	6	3	2	9	1	5
3	8	4	5	2	1	6	7	9
5	1	7	4	9	6	8	3	2
9	6	2	7	8	3	1	5	4
2	9	3	8	6	7	5	4	1
8	4	1	2	5	9	3	6	7
7	5	6	3	1	4	2	9	8

132

7	4	5	1	9	2	3	6	8
2	3	6	5	8	4	9	7	1
9	8	1	3	7	6	4	5	2
6	5	4	8	1	9	2	3	7
3	2	8	7	6	5	1	4	9
1	9	7	2	4	3	6	8	5
8	6	3	9	2	7	5	1	4
5	1	9	4	3	8	7	2	6
4	7	2	6	5	1	8	9	3

133

8	1	5	6	3	7	9	4	2
7	9	4	8	1	2	3	6	5
6	3	2	5	4	9	7	1	8
9	4	8	1	2	3	6	5	7
5	2	1	4	7	6	8	9	3
3	7	6	9	5	8	1	2	4
1	6	7	2	8	4	5	3	9
4	8	9	3	6	5	2	7	1
2	5	3	7	9	1	4	8	6

134

3	2	9	5	6	8	4	1	7
8	7	5	4	3	1	6	2	9
6	4	1	9	2	7	8	5	3
9	3	6	7	5	2	1	4	8
2	8	4	3	1	9	5	7	6
1	5	7	8	4	6	9	3	2
5	1	8	6	7	3	2	9	4
4	6	3	2	9	5	7	8	1
7	9	2	1	8	4	3	6	5

135

1	2	9	3	4	5	6	7	8
3	6	5	1	7	8	9	2	4
7	8	4	9	6	2	3	5	1
8	9	6	2	5	3	4	1	7
5	4	3	7	1	9	2	8	6
2	1	7	6	8	4	5	3	9
4	5	2	8	9	7	1	6	3
9	7	1	5	3	6	8	4	2
6	3	8	4	2	1	7	9	5

136

3	5	2	4	6	7	8	1	9
7	8	9	2	3	1	4	5	6
1	4	6	8	5	9	3	2	7
2	3	5	9	8	6	7	4	1
8	9	4	1	7	2	6	3	5
6	7	1	3	4	5	9	8	2
9	2	8	6	1	4	5	7	3
4	1	7	5	9	3	2	6	8
5	6	3	7	2	8	1	9	4

137

5	4	9	2	8	7	1	6	3
7	2	1	3	6	9	8	4	5
3	8	6	5	1	4	7	9	2
1	6	5	4	2	3	9	7	8
4	7	3	9	5	8	2	1	6
2	9	8	6	7	1	5	3	4
6	1	7	8	3	2	4	5	9
8	3	4	1	9	5	6	2	7
9	5	2	7	4	6	3	8	1

138

9	4	5	8	7	1	6	2	3
8	7	2	3	4	6	1	9	5
1	3	6	2	5	9	4	7	8
5	8	7	1	6	3	9	4	2
6	1	9	4	2	5	3	8	7
3	2	4	7	9	8	5	1	6
4	6	1	5	8	7	2	3	9
7	9	3	6	1	2	8	5	4
2	5	8	9	3	4	7	6	1

139

6	2	5	9	1	3	8	4	7
7	1	4	6	8	2	9	5	3
9	3	8	7	5	4	1	6	2
5	4	7	2	6	8	3	1	9
8	9	3	5	7	1	6	2	4
2	6	1	3	4	9	5	7	8
4	5	9	8	2	6	7	3	1
3	7	2	1	9	5	4	8	6
1	8	6	4	3	7	2	9	5

140

9	7	1	3	8	5	4	6	2
8	2	4	6	7	1	3	9	5
3	6	5	2	4	9	7	8	1
2	5	8	1	9	3	6	7	4
4	9	7	8	5	6	2	1	3
6	1	3	4	2	7	8	5	9
1	8	6	9	3	2	5	4	7
7	4	2	5	1	8	9	3	6
5	3	9	7	6	4	1	2	8

141

5	2	4	8	1	9	6	7	3
9	1	7	6	5	3	8	2	4
6	8	3	4	7	2	1	9	5
1	7	5	3	2	8	4	6	9
4	3	6	1	9	5	2	8	7
2	9	8	7	6	4	3	5	1
8	6	1	9	3	7	5	4	2
7	4	2	5	8	1	9	3	6
3	5	9	2	4	6	7	1	8

142

2	4	8	7	6	1	9	5	3
1	7	5	8	3	9	2	4	6
6	9	3	2	4	5	7	8	1
7	6	4	1	2	8	5	3	9
9	5	2	3	7	6	8	1	4
8	3	1	9	5	4	6	2	7
5	8	9	4	1	7	3	6	2
4	2	7	6	8	3	1	9	5
3	1	6	5	9	2	4	7	8

143

4	2	8	1	7	5	6	9	3
9	5	6	2	4	3	1	8	7
3	1	7	8	6	9	4	2	5
8	6	4	9	3	7	2	5	1
1	7	9	6	5	2	3	4	8
2	3	5	4	1	8	7	6	9
6	8	1	7	9	4	5	3	2
5	4	2	3	8	1	9	7	6
7	9	3	5	2	6	8	1	4

144

5	8	7	4	2	1	3	6	9
9	1	2	3	7	6	5	4	8
4	6	3	8	9	5	1	7	2
3	2	6	9	1	7	8	5	4
8	9	5	2	4	3	6	1	7
7	4	1	6	5	8	2	9	3
2	3	9	1	6	4	7	8	5
1	7	4	5	8	2	9	3	6
6	5	8	7	3	9	4	2	1

145

4	1	5	2	8	9	7	3	6
9	3	8	7	5	6	2	1	4
6	7	2	4	1	3	5	8	9
1	2	4	5	7	8	9	6	3
5	8	3	9	6	2	1	4	7
7	6	9	1	3	4	8	2	5
8	9	1	6	4	5	3	7	2
2	4	7	3	9	1	6	5	8
3	5	6	8	2	7	4	9	1

146

7	3	1	9	8	5	6	2	4
6	9	8	2	4	1	3	7	5
2	4	5	3	7	6	1	8	9
8	1	9	5	3	7	4	6	2
4	5	6	8	2	9	7	3	1
3	2	7	1	6	4	5	9	8
1	8	2	7	5	3	9	4	6
5	7	4	6	9	2	8	1	3
9	6	3	4	1	8	2	5	7

147

1	5	6	2	7	8	9	3	4
2	9	3	4	1	5	8	7	6
7	4	8	3	9	6	2	5	1
8	6	5	1	2	9	3	4	7
3	1	2	7	6	4	5	8	9
4	7	9	5	8	3	1	6	2
9	3	4	6	5	2	7	1	8
6	2	7	8	3	1	4	9	5
5	8	1	9	4	7	6	2	3

148

9	1	7	2	3	5	6	4	8
2	5	6	1	8	4	9	7	3
4	3	8	7	6	9	5	1	2
8	4	2	3	9	1	7	5	6
5	7	1	8	4	6	2	3	9
6	9	3	5	2	7	4	8	1
7	2	5	6	1	8	3	9	4
3	8	4	9	5	2	1	6	7
1	6	9	4	7	3	8	2	5

149

9	2	6	5	8	3	1	7	4
1	4	5	2	7	6	8	3	9
8	7	3	9	1	4	5	6	2
3	8	1	4	9	7	6	2	5
7	5	2	6	3	1	4	9	8
4	6	9	8	5	2	3	1	7
5	3	7	1	4	9	2	8	6
6	1	8	7	2	5	9	4	3
2	9	4	3	6	8	7	5	1

150

1	6	4	5	9	3	8	2	7
5	3	7	1	2	8	6	9	4
8	9	2	6	4	7	5	1	3
3	2	9	4	5	1	7	6	8
6	1	5	7	8	2	4	3	9
4	7	8	9	3	6	1	5	2
2	5	3	8	6	4	9	7	1
7	8	6	3	1	9	2	4	5
9	4	1	2	7	5	3	8	6

151

6	2	5	7	4	9	3	1	8
3	7	9	2	1	8	6	4	5
4	1	8	6	5	3	7	2	9
5	6	2	9	7	4	8	3	1
8	9	4	1	3	6	5	7	2
7	3	1	5	8	2	9	6	4
1	8	7	4	6	5	2	9	3
2	4	3	8	9	7	1	5	6
9	5	6	3	2	1	4	8	7

152

8	4	3	7	6	5	1	2	9
7	2	9	1	4	8	3	6	5
5	1	6	9	3	2	4	7	8
4	5	7	6	8	3	9	1	2
1	9	2	4	5	7	6	8	3
3	6	8	2	9	1	7	5	4
2	7	5	3	1	4	8	9	6
9	3	1	8	2	6	5	4	7
6	8	4	5	7	9	2	3	1

153

7	5	4	2	9	3	6	1	8
1	9	6	4	8	5	3	7	2
3	2	8	6	1	7	5	9	4
6	8	5	9	7	1	4	2	3
9	1	3	8	2	4	7	5	6
2	4	7	5	3	6	9	8	1
4	6	2	1	5	9	8	3	7
8	3	9	7	4	2	1	6	5
5	7	1	3	6	8	2	4	9

154

8	5	4	2	9	7	6	1	3
2	7	1	6	3	8	5	4	9
6	3	9	1	5	4	8	2	7
3	1	2	5	8	9	4	7	6
4	6	5	3	7	2	1	9	8
7	9	8	4	1	6	2	3	5
5	4	6	7	2	3	9	8	1
1	8	3	9	4	5	7	6	2
9	2	7	8	6	1	3	5	4

155

8	3	6	5	9	2	1	7	4
9	1	5	8	7	4	3	2	6
4	2	7	3	1	6	5	9	8
5	8	9	7	4	3	6	1	2
3	4	2	1	6	8	9	5	7
7	6	1	2	5	9	8	4	3
6	5	3	9	2	7	4	8	1
2	9	4	6	8	1	7	3	5
1	7	8	4	3	5	2	6	9

156

2	7	1	8	3	4	9	6	5
8	3	9	5	6	1	4	2	7
4	6	5	7	2	9	8	3	1
1	2	8	6	9	7	5	4	3
5	9	6	2	4	3	1	7	8
7	4	3	1	8	5	2	9	6
3	1	4	9	5	6	7	8	2
9	8	7	3	1	2	6	5	4
6	5	2	4	7	8	3	1	9

157

3	1	7	9	4	6	8	5	2
2	6	4	7	8	5	3	1	9
9	8	5	1	2	3	6	7	4
4	3	6	8	5	1	2	9	7
1	5	2	6	7	9	4	3	8
8	7	9	2	3	4	1	6	5
7	2	3	5	1	8	9	4	6
6	4	8	3	9	7	5	2	1
5	9	1	4	6	2	7	8	3

158

3	7	2	5	6	9	8	1	4
9	6	1	3	8	4	5	2	7
5	4	8	7	1	2	3	9	6
7	9	4	1	2	5	6	3	8
8	3	5	6	9	7	1	4	2
1	2	6	4	3	8	9	7	5
6	5	9	2	4	1	7	8	3
2	1	3	8	7	6	4	5	9
4	8	7	9	5	3	2	6	1

159

5	9	1	7	3	8	6	4	2
8	7	2	6	4	5	1	3	9
3	6	4	9	2	1	5	8	7
4	5	9	2	8	6	3	7	1
1	8	6	3	7	9	4	2	5
2	3	7	5	1	4	8	9	6
7	1	5	8	9	3	2	6	4
9	4	8	1	6	2	7	5	3
6	2	3	4	5	7	9	1	8

160

8	3	6	9	5	7	1	4	2
1	2	5	8	4	6	9	7	3
4	7	9	3	1	2	5	8	6
6	5	3	7	9	4	8	2	1
2	9	8	6	3	1	7	5	4
7	1	4	5	2	8	3	6	9
5	4	1	2	8	9	6	3	7
3	6	2	1	7	5	4	9	8
9	8	7	4	6	3	2	1	5

161

2	5	1	7	9	4	3	8	6
7	8	3	6	1	5	9	4	2
4	9	6	2	8	3	1	7	5
3	6	9	8	7	2	4	5	1
8	2	4	5	3	1	6	9	7
5	1	7	4	6	9	2	3	8
1	7	8	3	4	6	5	2	9
6	3	5	9	2	8	7	1	4
9	4	2	1	5	7	8	6	3

162

4	8	7	9	1	6	5	2	3
3	5	1	4	7	2	8	6	9
9	2	6	3	8	5	1	7	4
8	1	3	5	4	7	6	9	2
7	6	2	8	9	1	4	3	5
5	9	4	2	6	3	7	1	8
6	3	8	7	2	4	9	5	1
2	7	9	1	5	8	3	4	6
1	4	5	6	3	9	2	8	7

163

8	4	3	2	9	1	5	6	7
7	2	5	6	4	8	1	3	9
1	6	9	5	3	7	4	2	8
3	8	6	4	5	2	7	9	1
5	7	2	3	1	9	8	4	6
4	9	1	8	7	6	3	5	2
6	5	8	1	2	4	9	7	3
2	3	7	9	8	5	6	1	4
9	1	4	7	6	3	2	8	5

164

5	9	4	1	8	2	7	3	6
2	3	8	7	9	6	4	5	1
7	1	6	4	5	3	9	8	2
8	7	2	9	6	5	1	4	3
3	5	1	2	4	7	6	9	8
4	6	9	8	3	1	5	2	7
6	8	5	3	7	9	2	1	4
9	2	3	6	1	4	8	7	5
1	4	7	5	2	8	3	6	9

165

6	1	8	5	9	3	7	4	2
7	2	5	8	6	4	9	1	3
9	4	3	7	1	2	8	6	5
2	5	9	6	3	8	1	7	4
8	6	1	4	7	5	3	2	9
3	7	4	1	2	9	6	5	8
5	9	7	2	8	6	4	3	1
4	8	6	3	5	1	2	9	7
1	3	2	9	4	7	5	8	6

166

1	5	8	6	9	2	3	7	4
3	9	6	7	4	8	1	2	5
7	2	4	1	3	5	6	8	9
6	8	3	5	2	9	4	1	7
2	7	1	8	6	4	5	9	3
9	4	5	3	1	7	8	6	2
4	6	2	9	8	3	7	5	1
5	1	9	4	7	6	2	3	8
8	3	7	2	5	1	9	4	6

167

1	3	9	8	2	4	6	7	5
4	2	6	5	7	1	8	3	9
7	5	8	6	3	9	2	1	4
2	9	4	7	6	8	1	5	3
5	8	3	1	9	2	4	6	7
6	1	7	3	4	5	9	2	8
8	6	5	9	1	3	7	4	2
3	4	1	2	8	7	5	9	6
9	7	2	4	5	6	3	8	1

168

1	8	6	9	2	4	7	5	3
3	7	9	5	1	8	2	4	6
2	5	4	6	7	3	1	8	9
6	1	8	2	4	9	5	3	7
5	4	7	3	8	1	6	9	2
9	3	2	7	5	6	4	1	8
7	9	3	4	6	5	8	2	1
8	2	5	1	9	7	3	6	4
4	6	1	8	3	2	9	7	5

169

2	F	6	7	4	C	E	5	A	9	8	D	B	1	G	3
C	G	3	5	B	9	7	D	E	2	4	1	6	F	8	A
E	9	8	D	6	A	2	1	F	G	3	B	C	4	5	7
4	B	A	1	G	3	F	8	7	C	5	6	E	D	9	2
G	E	9	2	5	F	D	A	1	4	7	8	3	6	C	B
D	A	5	6	8	7	3	4	B	F	C	G	2	9	E	1
F	8	1	C	9	B	6	2	D	A	E	3	G	5	7	4
3	7	B	4	1	E	G	C	6	5	2	9	D	8	A	F
A	2	4	3	F	G	B	7	5	6	1	C	8	E	D	9
7	6	F	8	D	5	A	E	G	B	9	2	4	3	1	C
9	5	G	B	C	1	4	3	8	E	D	A	F	7	2	6
1	D	C	E	2	8	9	6	4	3	F	7	5	A	B	G
6	C	E	9	7	4	1	B	3	D	G	5	A	2	F	8
8	4	D	G	A	2	5	9	C	1	6	F	7	B	3	E
5	1	7	A	3	6	C	F	2	8	B	E	9	G	4	D
B	3	2	F	E	D	8	G	9	7	A	4	1	C	6	5

170

9	B	D	F	G	C	A	5	8	7	1	E	6	3	2	4
2	8	E	6	B	F	7	4	G	D	9	3	5	A	C	1
5	A	1	7	6	D	9	3	C	2	F	4	E	G	8	B
C	3	G	4	8	1	2	E	B	5	6	A	9	7	F	D
4	D	7	E	A	2	C	6	5	B	G	1	F	9	3	8
F	C	B	G	7	4	5	9	A	8	3	2	D	1	6	E
6	9	5	2	3	8	E	1	D	C	4	F	A	B	7	G
8	1	3	A	F	B	G	D	6	9	E	7	C	2	4	5
A	F	C	8	5	E	6	B	9	1	2	D	7	4	G	3
7	E	4	B	D	G	3	2	F	6	5	8	1	C	A	9
D	5	9	3	1	A	8	F	4	G	7	C	2	E	B	6
G	2	6	1	9	7	4	C	3	E	A	8	D	5	F	
1	4	A	C	E	5	B	8	2	3	D	6	G	F	9	7
E	6	8	9	2	3	1	A	7	F	B	G	4	5	D	C
B	7	2	D	C	9	F	G	E	4	8	5	3	6	1	A
3	G	F	5	4	6	D	7	1	A	C	9	B	8	E	2

171

6	5	9	4	C	7	B	3	G	F	8	E	D	2	1	A
7	B	E	1	2	G	9	8	A	5	C	D	F	3	4	6
G	D	F	C	A	4	5	6	3	2	1	7	B	8	9	E
3	8	A	2	D	1	F	E	6	B	9	4	G	5	7	C
5	7	G	F	E	B	C	9	8	D	3	A	2	1	6	4
4	6	B	9	7	8	3	2	5	C	F	1	A	D	E	G
2	C	1	A	5	F	G	D	7	E	4	6	3	B	8	9
8	3	D	E	4	6	1	A	9	G	2	B	C	F	5	7
1	A	7	8	B	2	D	G	E	3	6	9	4	C	F	5
9	4	C	5	1	E	6	F	2	8	B	G	7	A	3	D
F	G	6	B	3	A	8	7	C	4	D	5	9	E	2	1
E	2	3	D	9	5	4	C	1	7	A	F	8	6	G	B
A	1	5	3	F	D	E	B	4	9	7	8	6	G	C	2
B	9	2	7	G	3	A	1	F	6	E	C	5	4	D	8
C	E	4	6	8	9	2	5	D	A	G	3	1	7	B	F
D	F	8	G	6	C	7	4	B	1	5	2	E	9	A	3

172

5	C	D	7	6	E	3	2	F	B	8	4	1	G	A	9
1	2	A	3	B	9	7	C	D	G	5	E	F	6	4	8
B	F	6	9	A	G	8	4	7	3	1	2	D	C	5	E
8	4	E	G	F	5	1	D	C	6	9	A	7	2	B	3
G	8	B	C	4	D	A	1	3	E	2	5	9	7	6	F
F	1	4	E	2	3	5	6	9	7	C	G	B	D	8	A
A	9	5	6	C	7	E	8	B	D	4	F	2	1	3	G
7	3	2	D	9	B	G	F	8	1	A	6	C	4	E	5
2	D	8	F	7	6	C	G	5	A	3	9	4	E	1	B
9	7	C	4	5	2	B	3	E	8	G	1	A	F	D	6
3	B	1	A	E	8	4	9	6	F	7	D	G	5	C	2
6	E	G	5	D	1	F	A	2	4	B	C	3	8	9	7
4	G	9	8	1	C	2	7	A	5	6	B	E	3	F	D
C	6	7	B	8	4	D	E	G	9	F	3	5	A	2	1
E	A	3	2	G	F	9	5	1	C	D	8	6	B	7	4
D	5	F	1	3	A	6	B	4	2	E	7	8	9	G	C

173

8	3	6	7	1	2	9	4	5
5	7	4	9	6	3	8	2	1
2	9	1	4	8	5	6	3	7
4	8	5	6	3	7	2	1	9
6	2	9	8	5	1	3	7	4
3	1	7	2	9	4	5	6	8
9	5	3	1	4	6	7	8	2
7	4	8	3	2	9	1	5	6
1	6	2	5	7	8	4	9	3

174

7	5	9	3	1	4	6	2	8
2	1	3	8	7	6	5	4	9
6	8	4	2	5	9	7	1	3
4	7	1	6	2	8	9	3	5
3	6	2	5	9	1	8	7	4
5	9	8	7	4	3	2	6	1
9	3	7	4	8	2	1	5	6
8	2	6	1	3	5	4	9	7
1	4	5	9	6	7	3	8	2

175

3	8	5	9	2	4	1	7	6
2	7	6	3	1	8	4	5	9
4	1	9	7	6	5	2	3	8
9	3	1	5	7	2	8	6	4
7	4	8	6	9	3	5	1	2
6	5	2	4	8	1	7	9	3
1	6	7	2	4	9	3	8	5
5	9	4	8	3	7	6	2	1
8	2	3	1	5	6	9	4	7

176

9	1	3	6	8	4	5	7	2
8	5	2	7	9	1	4	3	6
4	6	7	3	2	5	8	1	9
3	2	8	5	4	9	7	6	1
6	4	9	8	1	7	2	5	3
5	7	1	2	6	3	9	4	8
1	9	6	4	5	2	3	8	7
2	3	5	1	7	8	6	9	4
7	8	4	9	3	6	1	2	5

177

4	6	7	8	5	1	3	9	2
8	2	1	3	4	9	6	7	5
9	5	3	6	7	2	4	1	8
7	3	4	5	2	8	1	6	9
5	1	9	7	6	3	8	2	4
2	8	6	1	9	4	5	3	7
1	7	5	2	8	6	9	4	3
3	9	8	4	1	7	2	5	6
6	4	2	9	3	5	7	8	1

178

1	2	7	9	5	6	8	3	4
8	5	4	3	1	2	7	9	6
6	9	3	7	8	4	2	5	1
3	4	1	2	9	8	5	6	7
7	6	5	4	3	1	9	2	8
9	8	2	6	7	5	1	4	3
2	1	8	5	6	3	4	7	9
5	3	9	1	4	7	6	8	2
4	7	6	8	2	9	3	1	5

179

1	5	6	8	2	7	4	9	3
7	8	3	9	5	4	1	2	6
4	2	9	6	3	1	7	5	8
9	3	5	1	4	2	6	8	7
6	7	8	3	9	5	2	1	4
2	4	1	7	6	8	9	3	5
5	6	2	4	1	3	8	7	9
8	1	4	5	7	9	3	6	2
3	9	7	2	8	6	5	4	1

180

9	1	2	6	5	4	3	8	7
5	4	8	7	9	3	6	1	2
7	3	6	8	1	2	4	5	9
6	7	1	3	4	5	2	9	8
8	9	5	2	6	1	7	3	4
3	2	4	9	8	7	5	6	1
2	8	7	5	3	9	1	4	6
1	6	3	4	2	8	9	7	5
4	5	9	1	7	6	8	2	3

181

6	4	9	1	7	8	5	2	3
3	5	7	6	9	2	8	1	4
8	2	1	3	5	4	9	6	7
2	3	6	7	8	5	1	4	9
1	8	5	9	4	3	2	7	6
9	7	4	2	6	1	3	5	8
5	9	3	4	2	7	6	8	1
7	1	8	5	3	6	4	9	2
4	6	2	8	1	9	7	3	5

182

7	5	1	2	8	3	6	9	4
3	9	6	7	1	4	5	8	2
8	2	4	6	5	9	7	1	3
2	1	5	4	3	8	9	6	7
9	3	7	5	6	1	2	4	8
6	4	8	9	7	2	3	5	1
4	8	9	3	2	6	1	7	5
1	7	3	8	9	5	4	2	6
5	6	2	1	4	7	8	3	9

183

5	8	2	6	3	9	1	4	7
3	6	9	4	1	7	5	8	2
7	1	4	2	8	5	3	6	9
9	3	6	8	5	2	7	1	4
4	7	1	3	9	6	2	5	8
2	5	8	1	7	4	9	3	6
8	2	5	7	4	1	6	9	3
1	4	7	9	6	3	8	2	5
6	9	3	5	2	8	4	7	1

184

9	4	8	5	1	3	7	2	6
3	7	2	8	4	6	1	5	9
6	1	5	2	7	9	4	8	3
1	5	3	6	2	7	9	4	8
7	2	9	3	8	4	6	1	5
4	8	6	9	5	1	3	7	2
2	6	1	4	9	5	8	3	7
5	9	4	7	3	8	2	6	1
8	3	7	1	6	2	5	9	4

185

2	4	6	9	5	7	3	8	1
8	1	3	6	2	4	9	5	7
5	7	9	3	8	1	6	2	4
9	2	4	7	3	5	1	6	8
3	5	7	1	6	8	4	9	2
6	8	1	4	9	2	7	3	5
1	6	8	2	4	9	5	7	3
7	3	5	8	1	6	2	4	9
4	9	2	5	7	3	8	1	6

186

6	8	3	1	5	9	4	2	7
1	5	9	7	2	4	6	8	3
4	2	7	3	8	6	9	1	5
7	4	2	6	3	8	1	5	9
9	6	8	4	1	5	3	7	2
3	1	5	9	7	2	8	4	6
8	3	1	5	9	7	2	6	4
2	7	4	8	6	3	5	9	1
5	9	6	2	4	1	7	3	8

SPECIAL STAGE

187

2	5	8	3	1	6	9	7	4
1	9	6	7	5	4	3	8	2
7	3	4	8	9	2	1	5	6
6	7	9	5	3	8	2	4	1
3	1	5	4	2	7	6	9	8
8	4	2	1	6	9	5	3	7
5	6	7	2	4	3	8	1	9
9	8	3	6	7	1	4	2	5
4	2	1	9	8	5	7	6	3

188

8	2	6	9	7	3	5	4	1
7	1	5	4	2	6	3	8	9
9	4	3	8	1	5	6	7	2
4	7	9	5	3	8	2	1	6
2	3	1	6	4	7	9	5	8
6	5	8	2	9	1	4	3	7
3	6	4	1	8	9	7	2	5
5	8	7	3	6	2	1	9	4
1	9	2	7	5	4	8	6	3

189

3	6	7	8	2	5	4	9	1
5	4	2	3	9	1	8	7	6
1	8	9	4	7	6	3	2	5
2	3	4	6	8	9	1	5	7
8	9	6	5	1	7	2	4	3
7	5	1	2	3	4	6	8	9
6	7	8	9	4	3	5	1	2
9	2	3	1	5	8	7	6	4
4	1	5	7	6	2	9	3	8

190

8	9	3	5	6	2	4	7	1
1	2	4	8	9	7	6	3	5
5	7	6	3	4	1	8	9	2
9	8	2	1	5	4	7	6	3
6	4	7	9	2	3	5	1	8
3	5	1	6	7	8	9	2	4
4	6	8	2	3	9	1	5	7
7	3	9	4	1	5	2	8	6
2	1	5	7	8	6	3	4	9

191

9	8	2	4	3	5	6	1	7
6	4	5	7	8	1	9	2	3
7	3	1	9	6	2	4	5	8
4	5	6	1	7	9	3	8	2
3	2	9	6	5	8	7	4	1
8	1	7	3	2	4	5	6	9
5	9	4	2	1	3	8	7	6
2	6	3	8	4	7	1	9	5
1	7	8	5	9	6	2	3	4

192

4	5	6	2	8	9	7	3	1
2	9	3	1	7	5	8	6	4
1	8	7	4	3	6	9	5	2
6	4	5	9	1	2	3	7	8
3	2	9	7	6	8	1	4	5
7	1	8	3	5	4	6	2	9
9	3	2	8	4	7	5	1	6
5	7	4	6	9	1	2	8	3
8	6	1	5	2	3	4	9	7

193

9	5	3	7	8	2	4	1	6
2	1	8	3	4	6	5	9	7
7	4	6	1	9	5	2	3	8
3	8	2	9	7	4	1	6	5
1	9	5	2	6	8	3	7	4
4	6	7	5	3	1	9	8	2
5	7	4	8	1	3	6	2	9
8	2	1	6	5	9	7	4	3
6	3	9	4	2	7	8	5	1

194

3	1	9	6	5	7	4	8	2
7	4	6	1	2	8	3	9	5
2	8	5	4	9	3	6	1	7
6	5	3	9	1	2	8	7	4
4	9	2	8	7	6	1	5	3
8	7	1	3	4	5	2	6	9
1	2	4	5	8	9	7	3	6
5	6	8	7	3	4	9	2	1
9	3	7	2	6	1	5	4	8

195

8	7	3	5	1	9	2	6	4
5	6	1	7	2	4	3	8	9
9	2	4	8	6	3	5	1	7
2	4	5	6	9	8	7	3	1
6	1	8	3	7	5	9	4	2
3	9	7	2	4	1	8	5	6
7	5	2	1	8	6	4	9	3
4	3	6	9	5	7	1	2	8
1	8	9	4	3	2	6	7	5

196

2	9	5	8	4	3	1	7	6
4	3	8	7	6	1	9	5	2
7	6	1	2	5	9	8	3	4
3	2	9	4	1	5	7	6	8
6	1	7	9	2	8	3	4	5
5	8	4	3	7	6	2	1	9
9	7	3	6	8	4	5	2	1
1	4	2	5	9	7	6	8	3
8	5	6	1	3	2	4	9	7

197

3	9	1	5	7	4	2	6	8
4	5	2	6	3	8	9	1	7
6	8	7	9	2	1	5	4	3
2	6	9	3	1	5	8	7	4
5	3	4	7	8	9	1	2	6
1	7	8	2	4	6	3	9	5
9	2	3	4	5	7	6	8	1
7	1	5	8	6	2	4	3	9
8	4	6	1	9	3	7	5	2

198

6	4	7	3	8	9	2	1	5
3	2	1	4	6	5	9	8	7
5	9	8	7	2	1	4	3	6
7	5	9	1	3	6	8	2	4
2	3	4	5	7	8	6	9	1
8	1	6	9	4	2	7	5	3
9	8	3	6	1	7	5	4	2
4	6	2	8	5	3	1	7	9
1	7	5	2	9	4	3	6	8

199

7	8	2	1	3	5	9	6	4
1	3	4	9	7	6	8	2	5
9	6	5	8	4	2	7	1	3
8	7	3	6	2	1	5	4	9
4	1	9	5	8	3	6	7	2
2	5	6	7	9	4	1	3	8
3	9	8	4	6	7	2	5	1
6	2	1	3	5	9	4	8	7
5	4	7	2	1	8	3	9	6

200

7	3	4	8	6	5	1	9	2
8	9	5	4	1	2	3	6	7
6	2	1	3	7	9	4	5	8
1	8	6	7	2	3	5	4	9
3	4	7	9	5	6	8	2	1
9	5	2	1	8	4	7	3	6
2	1	3	5	9	7	6	8	4
4	7	9	6	3	8	2	1	5
5	6	8	2	4	1	9	7	3

201

9	2	3	8	6	7	4	5	1
8	4	5	9	1	3	2	7	6
6	7	1	4	5	2	9	8	3
5	8	2	3	7	1	6	9	4
1	9	6	5	8	4	3	2	7
4	3	7	2	9	6	5	1	8
2	6	8	7	3	9	1	4	5
3	5	4	1	2	8	7	6	9
7	1	9	6	4	5	8	3	2

202

5	7	2	6	4	9	8	3	1
4	3	1	5	8	2	6	9	7
6	8	9	7	3	1	2	5	4
7	2	3	8	5	6	1	4	9
8	4	5	9	1	7	3	6	2
1	9	6	3	2	4	5	7	8
2	6	8	4	7	3	9	1	5
9	5	7	1	6	8	4	2	3
3	1	4	2	9	5	7	8	6

203

8	7	2	1	6	9	4	3	5
6	5	4	8	7	3	2	9	1
9	1	3	5	4	2	6	8	7
4	8	6	2	3	7	1	5	9
1	9	5	6	8	4	3	7	2
2	3	7	9	5	1	8	6	4
3	2	1	7	9	6	5	4	8
7	4	8	3	2	5	9	1	6
5	6	9	4	1	8	7	2	3

204

1	5	2	6	8	9	4	7	3
7	8	4	1	2	3	6	5	9
3	9	6	7	5	4	1	2	8
5	2	1	3	9	6	7	8	4
6	4	9	8	1	7	2	3	5
8	3	7	5	4	2	9	1	6
9	7	5	4	3	1	8	6	2
4	6	8	2	7	5	3	9	1
2	1	3	9	6	8	5	4	7

205

2	6	9	4	1	3	8	5	7
3	5	8	7	9	2	1	6	4
4	1	7	8	5	6	9	2	3
7	4	3	6	8	9	2	1	5
9	2	6	1	7	5	4	3	8
1	8	5	2	3	4	6	7	9
8	7	4	3	2	1	5	9	6
6	9	1	5	4	7	3	8	2
5	3	2	9	6	8	7	4	1

206

1	2	5	9	8	6	7	4	3
6	4	3	7	5	1	2	8	9
9	8	7	2	4	3	1	5	6
7	9	6	3	2	8	5	1	4
8	1	4	5	9	7	3	6	2
5	3	2	6	1	4	9	7	8
4	7	1	8	3	9	6	2	5
3	5	8	1	6	2	4	9	7
2	6	9	4	7	5	8	3	1

207

5	9	2	1	3	8	7	6	4
1	7	3	2	6	4	5	8	9
6	4	8	9	5	7	3	1	2
2	5	9	3	7	1	6	4	8
7	6	1	4	8	2	9	5	3
3	8	4	5	9	6	1	2	7
9	2	5	8	1	3	4	7	6
4	3	6	7	2	5	8	9	1
8	1	7	6	4	9	2	3	5

208

1	6	8	7	2	5	9	4	3
3	5	9	8	4	6	1	2	7
4	2	7	1	9	3	5	8	6
9	1	5	4	3	7	8	6	2
8	3	2	9	6	1	4	7	5
7	4	6	2	5	8	3	9	1
2	7	1	3	8	9	6	5	4
5	8	3	6	7	4	2	1	9
6	9	4	5	1	2	7	3	8

209

3	8	4	5	9	7	6	1	2
7	6	1	4	8	2	5	3	9
9	2	5	3	6	1	7	4	8
4	5	7	9	1	6	2	8	3
8	1	6	2	3	5	4	9	7
2	9	3	8	7	4	1	5	6
5	4	8	7	2	3	9	6	1
6	3	2	1	4	9	8	7	5
1	7	9	6	5	8	3	2	4

210

6	4	7	2	1	8	5	9	3
1	5	2	9	6	3	7	4	8
9	8	3	7	4	5	6	2	1
7	6	4	8	3	1	2	5	9
5	9	1	4	2	6	3	8	7
2	3	8	5	9	7	1	6	4
8	7	6	1	5	4	9	3	2
3	1	9	6	8	2	4	7	5
4	2	5	3	7	9	8	1	6

211

8	3	2	9	1	6	4	5	7
5	6	7	4	8	1	2	3	9
1	9	6	5	2	8	7	4	3
4	8	3	6	9	7	5	1	2
7	4	5	1	3	2	9	6	8
6	2	9	8	4	5	3	7	1
9	5	1	3	7	4	8	2	6
3	7	4	2	6	9	1	8	5
2	1	8	7	5	3	6	9	4

212

9	2	5	4	1	6	7	8	3
7	6	3	8	5	2	4	9	1
8	9	7	1	2	4	3	6	5
3	4	1	2	8	9	5	7	6
5	3	2	6	7	8	1	4	9
2	5	6	3	4	7	9	1	8
4	1	8	7	9	5	6	3	2
1	8	4	9	6	3	2	5	7
6	7	9	5	3	1	8	2	4

213

2	4	9	6	5	8	7	1	3
1	7	4	2	8	5	3	6	9
6	9	2	5	7	4	1	3	8
3	8	5	7	6	2	9	4	1
4	1	8	3	2	9	5	7	6
7	6	3	9	4	1	8	2	5
5	2	1	8	3	6	4	9	7
8	3	6	1	9	7	2	5	4
9	5	7	4	1	3	6	8	2

214

3	5	4	7	8	9	1	6	2
1	2	5	6	4	7	8	9	3
9	8	3	2	1	6	5	7	4
6	7	1	9	2	5	3	4	8
5	6	7	3	9	8	4	2	1
2	1	6	8	7	4	9	3	5
4	3	9	5	6	1	2	8	7
7	4	8	1	3	2	6	5	9
8	9	2	4	5	3	7	1	6

215

6	1	5	3	7	4	8	9	2
3	9	8	7	4	2	5	6	1
4	7	6	8	9	1	2	3	5
8	5	1	2	6	9	3	7	4
7	3	2	4	5	6	9	1	8
1	8	3	6	2	5	7	4	9
2	4	7	9	3	8	1	5	6
5	6	9	1	8	3	4	2	7
9	2	4	5	1	7	6	8	3

216

9	1	5	7	4	2	3	6	8
8	2	7	3	6	1	4	9	5
1	5	4	8	3	9	6	2	7
6	8	2	9	7	4	1	5	3
3	6	9	1	5	8	7	4	2
4	3	6	2	9	5	8	7	1
5	7	8	4	2	3	9	1	6
7	4	1	5	8	6	2	3	9
2	9	3	6	1	7	5	8	4

217

8	7	6	3	4	2	5	9	1
4	3	2	9	6	7	1	5	8
9	4	1	8	5	6	7	3	2
2	8	5	1	9	3	6	4	7
5	6	9	7	2	1	4	8	3
7	1	8	5	3	4	2	6	9
1	9	7	6	8	5	3	2	4
3	5	4	2	7	9	8	1	6
6	2	3	4	1	8	9	7	5

218

2	5	7	4	9	8	6	3	1
8	9	1	3	4	7	5	6	2
6	1	2	7	8	4	3	9	5
5	4	3	2	6	9	1	7	8
9	3	8	5	1	2	7	4	6
7	2	6	9	5	1	4	8	3
3	7	5	8	2	6	9	1	4
1	8	4	6	7	3	2	5	9
4	6	9	1	3	5	8	2	7

219

	4	2	3	1	3	4	2	2	5	
3	3	6	5	9	4	1	7	8	2	3
3	7	1	8	5	2	3	6	9	4	2
2	2	9	4	6	7	8	3	1	5	3
2	8	5	7	3	6	2	9	4	1	3
3	6	4	1	7	9	5	2	3	8	2
1	9	3	2	1	8	4	5	7	6	4
3	5	7	9	4	1	6	8	2	3	3
5	1	2	6	8	3	9	4	5	7	2
3	4	8	3	2	5	7	1	6	9	1
	3	2	3	3	3	2	4	3	1	

220

	1	4	3	2	4	3	4	3	2	
1	9	4	7	1	3	6	5	2	8	2
3	6	1	8	9	5	2	4	7	3	3
5	5	3	2	4	7	8	6	9	1	2
4	1	7	5	8	6	9	2	3	4	2
2	2	9	6	7	4	3	8	1	5	3
2	8	3	4	5	2	1	7	6	9	1
2	4	2	9	6	1	5	3	8	7	3
3	5	8	3	2	9	7	1	4	6	3
3	7	6	1	3	8	4	9	5	2	3
	3	3	3	5	2	3	1	3	4	

221

	3	5	2	2	3	1	3	4	2	
5	2	4	6	8	5	9	7	1	3	3
2	8	5	3	4	7	1	2	6	9	1
1	9	7	1	6	2	3	5	8	4	3
3	1	8	9	2	6	4	3	5	7	2
4	5	2	4	1	3	7	8	9	6	2
3	6	3	7	5	9	8	1	4	2	4
3	7	1	8	3	4	6	9	2	5	2
2	4	9	2	7	8	5	6	3	1	5
3	3	6	5	9	1	2	4	7	8	2
	4	2	3	1	3	5	3	2	2	

222

	3	4	2	4	3	2	4	4	1	
3	6	5	8	3	2	7	1	4	9	1
3	1	4	9	6	8	5	3	7	2	4
2	7	2	3	1	4	9	8	5	6	3
5	3	6	7	8	5	2	9	1	4	2
3	2	1	4	9	6	3	5	8	7	3
1	9	8	5	7	1	4	2	6	3	5
2	8	7	6	2	3	1	4	9	5	2
3	4	3	1	5	9	6	7	2	8	2
2	5	9	2	4	7	8	6	3	1	5
	3	1	4	4	2	2	3	2	3	

223

	3	2	4	2	5	4	4	3	1	
4	6	7	1	8	2	4	3	5	9	1
2	3	9	4	1	5	6	7	8	2	3
2	8	5	2	9	3	7	6	4	1	5
3	7	3	8	4	6	9	2	1	5	2
1	9	4	5	7	1	2	8	6	3	4
4	2	1	6	5	8	3	4	9	7	2
3	1	8	7	2	4	5	9	3	6	2
3	5	6	9	3	7	8	1	2	4	3
3	4	2	3	6	9	1	5	7	8	3
	3	4	2	3	1	3	2	2	2	

224

	3	2	3	3	1	4	3	5	2	
2	7	4	6	3	9	2	5	1	8	2
3	5	3	2	1	8	6	7	4	9	1
2	8	9	1	4	7	5	2	6	3	4
3	3	2	4	9	6	7	1	8	5	3
4	1	6	5	8	3	4	9	2	7	2
1	9	7	8	2	5	1	4	3	6	3
3	4	8	3	7	2	9	6	5	1	4
2	6	1	9	5	4	3	8	7	2	4
5	2	5	7	6	1	8	3	9	4	2
	3	3	2	4	7	2	3	1	4	

225

	4	2	4	3	3	1	2	4	4	
3	3	8	5	6	7	9	1	4	2	3
3	4	1	2	3	8	5	9	6	7	2
2	6	9	7	1	4	2	3	8	5	3
1	9	6	1	7	2	8	4	5	3	4
4	5	7	8	9	3	4	6	2	1	4
6	2	4	3	5	6	1	7	9	8	2
5	1	5	6	8	9	7	2	3	4	3
2	7	2	9	4	5	3	8	1	6	3
2	8	3	4	2	1	6	5	7	9	1
	2	4	2	4	3	4	3	2	1	

226

	2	2	4	3	3	2	3	1	4	
3	4	8	5	7	6	2	3	9	1	2
4	2	6	3	8	1	9	7	5	4	4
1	9	1	7	3	5	4	6	2	8	2
3	5	3	1	2	8	7	9	4	6	2
2	7	2	6	9	4	5	8	1	3	3
2	8	9	4	6	3	1	5	7	2	3
4	1	5	8	4	7	6	2	3	9	1
3	3	7	2	1	9	8	4	6	5	4
2	6	4	9	5	2	3	1	8	7	3
	3	3	1	3	2	3	5	2	2	

227

6	9	2	3	5	8	7	4	1
1	8	7	2	4	9	5	6	3
5	4	3	6	7	1	8	2	9
8	5	9	1	6	3	4	7	2
7	1	4	5	9	2	6	3	8
3	2	6	4	8	7	1	9	5
4	3	5	9	1	6	2	8	7
9	7	1	8	2	4	3	5	6
2	6	8	7	3	5	9	1	4

228

6	4	2	5	7	8	1	9	3
5	9	7	3	4	1	6	8	2
3	1	8	2	6	9	4	5	7
1	6	5	4	9	7	3	2	8
8	3	9	1	5	2	7	6	4
2	7	4	6	8	3	9	1	5
7	5	1	8	3	6	2	4	9
4	2	3	9	1	5	8	7	6
9	8	6	7	2	4	5	3	1

229

8	5	6	9	2	1	7	4	3
2	1	4	7	3	8	6	5	9
7	9	3	6	5	4	2	1	8
6	8	5	2	1	9	3	7	4
4	2	1	3	7	6	9	8	5
3	7	9	4	8	5	1	6	2
9	3	8	5	6	7	4	2	1
5	6	2	1	4	3	8	9	7
1	4	7	8	9	2	5	3	6

230

7	5	6	1	9	2	8	4	3
4	1	8	5	7	3	2	9	6
9	3	2	6	8	4	1	7	5
3	7	4	9	2	8	5	6	1
5	2	9	4	6	1	7	3	8
8	6	1	7	3	5	4	2	9
6	9	5	8	4	7	3	1	2
1	4	3	2	5	9	6	8	7
2	8	7	3	1	6	9	5	4

231

8	3	7	6	4	5	2	9	1	7	8	3
5	1	6	3	9	2	4	7	8	5	1	6
2	9	4	7	1	8	3	6	5	2	4	9
7	8	9	1	2	6	5	4	3	8	9	7
6	2	1	4	5	3	7	8	9	1	6	2
3	4	5	8	7	9	6	1	2	3	5	4
9	7	8	5	3	4	1	2	6	9	7	8
1	6	3	2	8	7	9	5	4	6	3	1
4	5	2	9	6	1	8	3	7	4	2	5
8	3	7	6	4	5	2	9	1	7	8	3
5	9	4	7	1	2	3	6	8	5	4	9
2	1	6	3	9	8	4	7	5	2	1	6

232

5	8	6	9	1	7	3	2	4	8	5	6
4	7	9	3	2	8	6	5	1	4	9	7
3	2	1	5	4	6	7	9	8	1	2	3
9	1	3	8	5	2	4	6	7	9	3	1
7	6	5	4	9	3	8	1	2	6	7	5
8	4	2	7	6	1	9	3	5	2	4	8
1	9	7	2	3	4	5	8	6	7	1	9
2	3	8	6	7	5	1	4	9	3	8	2
6	5	4	1	8	9	2	7	3	5	6	4
5	8	6	9	1	7	3	2	4	8	5	6
3	2	1	5	4	6	7	9	8	1	2	3
4	7	9	3	2	8	6	5	1	4	9	7

233

3	6	1	5	9	4	8	2	7						
8	4	7	6	1	2	5	9	3						
4	2	9	8	7	3	6	5	1						
5	3	6	4	2	1	9	7	8						
9	8	5	3	6	7	1	4	2						
2	7	8	1	5	9	3	6	4						
1	9	2	7	3	6	4	8	5	2	1	3	9	7	6
6	1	4	2	8	5	7	3	9	6	5	2	4	1	8
7	5	3	9	4	8	2	1	6	8	3	9	5	4	7
						8	9	7	4	2	6	3	5	1
						3	5	1	7	6	4	2	8	9
						9	7	4	1	8	5	6	2	3
						5	4	8	3	9	7	1	6	2
						1	6	2	9	4	8	7	3	5
						6	2	3	5	7	1	8	9	4

234

4	8	7	2	9	1	3	6	5						
6	9	3	1	5	4	8	2	7						
7	4	5	8	3	6	2	1	9						
5	7	1	6	2	9	4	3	8						
9	3	2	7	4	8	1	5	6						
2	1	8	5	6	3	9	7	4						
3	2	6	9	8	5	7	4	1	2	8	6	5	3	9
1	5	9	4	7	2	6	8	3	4	9	1	2	5	7
8	6	4	3	1	7	5	9	2	3	7	8	6	4	1
						2	1	5	6	3	9	4	7	8
						9	5	8	7	6	4	1	2	3
						4	6	9	1	2	7	3	8	5
						3	7	4	5	1	2	8	9	6
						8	3	6	9	4	5	7	1	2
						1	2	7	8	5	3	9	6	4

235

8	4	9	1	6	2	5	7	3						
2	7	3	9	8	5	1	6	4						
6	5	1	3	7	4	8	9	2						
7	8	4	2	5	3	9	1	6						
1	6	2	5	9	7	3	4	8						
9	3	6	8	4	1	7	2	5						
5	9	7	4	3	6	2	8	1	7	4	6	3	5	9
3	1	8	6	2	9	4	5	7	3	9	1	8	2	6
4	2	5	7	1	8	6	3	9	5	7	4	2	1	8
						1	6	3	9	2	8	5	4	7
						5	9	8	1	6	2	7	3	4
						3	7	4	6	8	5	1	9	2
						7	4	2	8	5	3	9	6	1
						8	2	5	4	1	9	6	7	3
						9	1	6	2	3	7	4	8	5

236

6	1	3	4	7	5	8	9	2						
2	9	4	3	8	1	6	7	5						
5	3	7	9	2	6	1	8	4						
1	5	8	2	3	4	9	6	7						
9	6	1	7	5	8	4	2	3						
4	7	9	8	6	2	5	3	1						
8	2	5	1	9	3	7	4	6	8	9	3	1	5	2
7	4	2	6	1	9	3	5	8	2	4	7	6	9	1
3	8	6	5	4	7	2	1	9	6	3	8	5	7	4
						8	2	7	4	5	1	9	6	3
						6	3	5	1	2	9	7	4	8
						1	9	4	3	7	6	8	2	5
						4	6	2	7	1	5	3	8	9
						5	8	3	9	6	4	2	1	7
						9	7	1	5	8	2	4	3	6

옮긴이 한성희

텍사스 A&M대학교 석사과정에서 저널리즘을 전공했다. 현재 엔터스코리아에서 전문 번역가로 활동 중이다. 주요 역서로는《최강 브롤러 전략 가이드북》《잠재력을 깨우는 7가지 코칭 기술:비즈니스를 위한 코칭 리더십 바이블》《작은 구름 이야기:태풍은 어떻게 만들어질까?》《두뇌 게임 연구소》《탐정 게임 빅북:스릴 넘치는 논리력·수리력 훈련》외 다수가 있다.

슈퍼 스도쿠 초고난도 200문제
IQ 148을 위한 최상급 난제

1판 1쇄 펴낸 날 2023년 1월 5일
1판 3쇄 펴낸 날 2024년 2월 15일

지은이 크리스티나 스미스, 릭 스미스
옮긴이 한성희

펴낸이 박윤태
펴낸곳 보누스
등록 2001년 8월 17일 제313-2002-179호
주소 서울시 마포구 동교로12안길 31 보누스 4층
전화 02-333-3114
팩스 02-3143-3254
이메일 bonus@bonusbook.co.kr

ISBN 978-89-6494-601-5 04410

• 이 책은《슈퍼 스도쿠 익스트림》의 개정판입니다.
• 책값은 뒤표지에 있습니다.

멘사 스도쿠 스페셜
마이크 리오스 지음 | 312면

멘사 스도쿠 엑설런트
마이크 리오스 지음 | 312면

멘사 스도쿠 챌린지
피터 고든 외 지음 | 336면

멘사 스도쿠 프리미어 500
피터 고든 외 지음 | 312면

멘사 스도쿠 100문제 초급
브리티시 멘사 지음 | 184면

멘사 스도쿠 200문제 초급 중급
개러스 무어 외 지음 | 280면

**슈퍼 스도쿠
프리미어**

마인드게임 지음 | 268면

**슈퍼 스도쿠
인피니티**

마인드게임 지음 | 268면

**슈퍼 스도쿠
500문제 초급 중급**

오정환 지음 | 308면

**슈퍼 스도쿠
500문제 중급**

오정환 지음 | 308면

**슈퍼 스도쿠 트레이닝
500문제 초급 중급**

이민석 지음 | 360면

**큰글씨판 슈퍼 스도쿠
100문제 초급**

오정환 지음 | 136면

**큰글씨판 슈퍼 스도쿠
100문제 초급 중급**

오정환 지음 | 136면

**큰글씨판
슈퍼 스도쿠 연습**

오정환 지음 | 128면

**큰글씨판 슈퍼 스도쿠
100문제 기초**

오정환 지음 | 128면